U0136625

大藍國土紀實

海洋台灣

黃佳琳———

著

海洋之心

身在海島國家的妳/你，最近一次去海邊是什麼時候？是去淨灘嗎？還是去釣魚呢？有沒有把自己泡浸海水裡？或者是，戴著大草帽，撿完那一方沙灘的垃圾，就趕著離去，深怕把自己給曬黑。

從陸地看海，似乎就只有無止盡、深邃的藍。要像佳琳這樣把自己當作人魚一般放進海裡，才能感受到海。要放得夠久，才能多認識她(海洋)一些。然後，當你回到陸地上，看看周遭為海付出的人們，才真正感受到深藍大海的美麗，還有人與海之間無言的哀愁。

黃佳琳(右)和黃向文署長(左)一起浮潛，觀察小琉球海洋生態。
(攝影/蘇淮)

人們喜歡聽故事，佳琳文章動人之處，也在於人心。雖然，篇篇標題談的是不同地點的海洋，每篇的核心依然圍繞著這群為海付出的人們。有「人心」，有「文化」，才能有感動，才能試著讓您體會，我們對於海洋的尊重完全不夠。

台灣的地點得天獨厚，溫暖的氣候跟多樣化的地形，孕育珊瑚礁、岩礁、砂泥底、海草床、藻礁等各種海洋生態系，以及超過一萬種的海洋生物(其實，已經被命名的海洋生物超過二十萬種，而不知名的，推測可能上百萬種)。國際間有個「海洋健康指數」評比，從海洋生物多樣性、觀光遊憩價值、藍色經濟產業、海洋文化、資源永續等十項指標綜合性評估。台灣最近二〇一八年得到七十一分，恰好等於全球平均分數，並在二百二十一個國家當中排名第七十七名。當中值得驕傲的高分來自海洋生物多樣性(物種多)、水產品供應(養殖產量高)、海岸保護與儲碳量(擁有珊瑚礁、紅樹林等高生產量的生態系)，也就是這些豐富的自然環境，讓佳琳可以寫出東北角、墾丁、小琉球、綠島、蘭嶼、澎湖、東沙等繽紛的文章。

因著海洋資源，人們有了維生的工具。從澎湖石滬到東海岸的賞鯨，墾丁、綠島、蘭嶼、小琉球的觀光，都是依海而生的範例。島上有心的人們，從鯨豚首席水下攝影師金磊、海龜癡漢蘇淮、海湧工作室郭芙、咖希部灣阿文、海廢藝術家唐小三、離島出走的宥輯和馥慈、黑潮島航團隊的帶領者卉君等。中間也聽到許多政府官員的投入與無奈(從國家公園、觀光單位到地方政府、鄉公所等)凸顯國內各機關對於海洋管理的架構內涵有待整合。

佳琳從旅遊記者出身，但她並沒有以此滿足，以此為限。她最令人讚賞的是願意、也很努力的去訪問了許多專家學者，包括邵廣昭、戴昌鳳、莊守正、周蓮香、鄭明修、程一駿、陳義雄、黃祥麟、姚秋如、余欣怡、何宣慶、陳餘鋆、杜銘章等，從科學基礎去探討海洋所面臨的問題，單就訪談規模跟深度，就無人能及。也讓這本書與一般描述海洋的書相比之下，多了些科學性，但並不艱澀難懂，而是平易近人的科普風。

海洋健康指數中，低分的項目包括在地意識、海洋遊憩觀光、水質，這幾點也可以從書中略窺一二。環顧台灣海洋環境的演變，在這個時候，這本書的出版，有其特殊的意義。海洋保育署成立，離岸風機肩負政策使命的進行著，而許多地方創生萌芽，逐漸茁壯，東沙島航道疏濬如火如荼推行中。我們心裡都有那麼一絲恐懼，擔心今天書中描述的情景，可能在不久的未來就會有所改變。也正因為如此，這本書更顯其可貴。

海一直都在，海面下的組成卻在時間流逝過程中不斷的轉變。淨灘的人們知道，海邊垃圾變多了；潛水的人們知道，水下的珊瑚變少了；漁民大都知道，捕撈到的魚變少、變小了；研究人員知道，白海豚變少了。各位讀者不要身在福中不知福，趁著還有機會，放下手邊的雜務，跟著佳琳看海去吧。然後一起想想，要怎麼才能保護這片屬於台灣子民的海洋。

海洋委員會海洋保育署署長

黃向文

找回人與海的緊密關係

與黃佳琳因採訪相識超過七年，當時她是旅遊記者，因為關心生態保育與生態旅遊，常與我聯繫討論相關議題。她想找到「旅行的意義」，希望自己與他人的人生對環境永續產生意義，這樣的抱負，讓我印象深刻，至今我們一直保持聯繫。

當生態旅遊尚未引起大眾關注時，有好幾年的時間，佳琳跟著我們團隊在台二十四線屏北和台二十六屏南的海角天涯奔走，因其熱情、樂於分享的人格特質，與她念茲在茲希望台灣環境生態更好的理想下，曾主動協助牽線其他媒體，透過大篇幅報導，讓生態旅遊被更多人看見。

幾年前佳琳開始接觸潛水、愛上海洋也考了潛水證照，從陸地延伸到海平面以下，更加拓展生態旅遊的視野。這幾年她和小琉球互動密切，從二〇一六年開始涉入低碳旅遊，和在地許多有志之士，一起推廣低碳海龜生態島的旅遊，並結合減塑的店家，搭配海龜環保主題、淨灘活動、減塑講座、海灘貨幣等行動。旅遊記者出身，很自然地，海洋保育與觀光旅遊，就成了近年來關懷的脈絡。

海洋議題在身為海島國家的台灣，常不被重視。佳琳積極到國外採訪、報導，也走訪國內各海洋或觀光相關單位與團隊，希望推廣海洋生態之美。這一本海洋報導，帶著讀者從近距離欣賞海洋生態，其中包含海洋生物多樣性、賞鯨旅遊、鯨鯊、鬼蝠魟等保育的過程、海廢治理現況、海洋保育區管理議題等，讓人見識了繽紛的海洋世界，也深入瞭解美麗背後無法隱藏的哀愁。

全系列報導有大部分是從潛水旅遊切入，潛水也是一種觀光遊憩行為，她試圖從潛水可以看到什麼分享給讀者，希望可以藉由潛水親近海洋，進而認識海洋、愛護海洋。也因為深入海洋，發現珍貴的海洋資源陸續被觀光負面衝擊的龐大危機，我常說：「推動生態旅遊的終極目標是『保育』。」她也有感而發：「海也很需要，海洋才剛開始。」因此，雖然是一本看似海洋保育的書籍，也同時關注著友善環境的觀光旅遊方式。

十多年來，我常在基層社區陪伴，透過產官學合作，以生態旅遊引領社區居民與社會大眾閱讀里山、里海之美，珍惜里山、里海的環境與文化資本，找回人與土

地、與海洋的緊密關係。

　　雖然觀光常是促進鄉村經濟最重要的選項，但是觀光不是無煙囪產業，如果缺乏多元策略的觀光旅遊，在任何環境仍是以量的成長為目標，而沒有總量管制、永續發展的觀念，即使行銷成功，湧進大量遊客，觀光產業賺飽錢，但自然資源快速消耗後，將無以為繼，安身立命的家園也將蒙受難以回復的傷害。潛水、賞鯨，都是觀光的一種型態，但如何透過親近自然，進而喚醒人們珍愛大自然的心，我想這很重要，旅遊不只是吃喝玩樂的觀光型態。

　　永續觀光環境需要制定法規、落實管理，並教導遊客「使用者付費」，保護環境的觀念，用以維護自然生態、創造在地就業機會、協助農漁村轉型、提升旅遊品質。

　　生態旅遊之所以重要，是因為過程中的社區營造及環境教育，透過組織與培力社區居民，維護當地自然人文資源，帶領遊客瞭解並欣賞當地特殊的自然與人文環境，提供環境教育以增強遊客的環境意識，引發負責任的環境行動，並將經濟利益回饋造訪地。透過生態旅遊的方式，轉化人們利用環境的思維與方法，人心的改變，時間雖然漫長，但卻是最根本的保育與永續之道。

　　這個社會如果大家都只考慮自己，缺乏生命共同體的意識，這個地方很難長久發展。不重視環境保育的旅遊地，旅遊發展壽命不可能太久。恭喜佳琳用心完成這本報導，善用天賦、才華，為環境發聲影響更多人，也找到值得一生奮鬥的使命。

國立屏東科技大學森林系教授

陳美惠

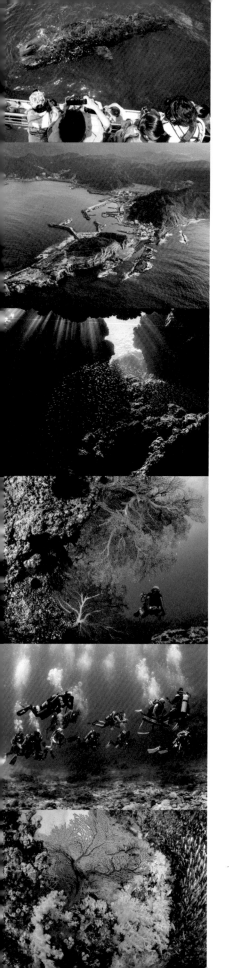

目錄

親近海洋、認識海洋

台灣陸地面積不過三萬六千多平方公里，所轄領海加內水面積六萬五千平方公里，在世界地圖上經常只是像綠豆般大小的存在，但你知道嗎？台灣的海洋生物多樣性非常高！

台灣已記錄的海洋生物超過一萬兩千種，其中魚類超過三千兩百種，占全球已知魚種的十分之一！台灣已記錄的珊瑚有三百多種、海藻約六百種、蝦蟹五百多種、海鳥約五十種、鯨豚約三十種及海龜五種，小小海島卻擁有如此豐富的海洋生態，令人驚奇！

台灣海洋環境為何如此得天獨厚？因為台灣位於東海、南海及菲律賓海三個「大海洋生態系」(Large Marine Ecosystem)交界處，地處琉球群島與菲律賓群島之間，周圍海域為太平洋(菲律賓海)、巴士海峽、南海、台灣海峽、東海所環繞，擁有珊瑚礁生態系、海草床生態系、紅樹林生態系、藻礁生態系、岩礁生態系、大洋生態系等多種海洋生態系，蘊含豐富且多樣的生物。

其中，珊瑚礁是維持人類經濟生活的重要生態系，也是人們可以透過潛水旅遊去認識的海洋生態，讓人們藉由親近海洋，進而啟發愛護海洋、守護環境之心。

台灣擁有一百六十多個島嶼，一千九百八十八公里海岸線，珊瑚分布北起東北角、南至恆春半島，及離島的小琉球、蘭嶼、綠島、澎湖群島、東沙環礁與南沙太平島。因台灣地理位置優越，海域棲地多樣性高，加上不同海流交會影響，東部、南部和小琉球有北上

的溫暖黑潮流經，北部和澎湖則有大陸
閩浙沿岸冷水流南下，讓台灣南北海洋生
物地理分布呈現「右上—左下」，斜分成
熱帶和亞熱帶不同的地理區，也因此南
北海域海洋生物種類有著明顯的差異。

　　面對海洋，應該敬畏她、了解
她，但無需無知地恐懼她，隨著
科技的發達與進步，人們有更多
不同的方式可以親近海洋、認
識海洋。小而美的台灣卻擁有
這麼多的不同與精彩，跟著
我們一起出海、跳海認識
她吧！　　　　(撰文/黃佳琳)

(攝影/Allen Lee)

東沙環礁海域發現的奇幻藍洞，底部深達水下三十米，洞口距離水面約十五米，洞內生態豐富、魚群聚集，四線笛鯛成群結隊。（攝影／Sean Lee）

海神海蛞蝓非常稀有，近年現身墾丁、小琉球、綠島等地，許多水中攝影愛好者為之瘋狂，拍下牠正在吃錢幣水母的畫面。

（攝影/Allen Lee）

小琉球是全台灣海龜密集度最高的地方，有上百隻綠蠵龜棲息在此。潛進海中，常會看到牠們趴在珊瑚上休息。 （攝影/蘇淮）

二〇一八年三月二十八日，一對大翅鯨母子游經花蓮海域，約四公尺
大的寶寶玩心大發，頻頻在蘇花公路前躍身擊浪。　　（攝影/金磊）

（攝影/金磊）

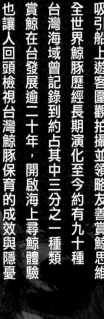

東海岸
賞鯨紀行

鯨豔
太平洋

最親人抹香鯨「花小香」好奇游來賞鯨船旁，吸引船上遊客圍觀拍攝並領略友善賞鯨思維，全世界鯨豚歷經長期演化至今約有九十種，台灣海域曾記錄到約占其中三分之一種類。賞鯨在台發展逾二十年，開啟海上尋鯨體驗，也讓人回頭檢視台灣鯨豚保育的成效與隱憂

019

夏日十點太陽正大，我乘著台東成功港晉領號賞鯨船從三仙台出海，適逢颱風來臨前夕，湧浪一波波擊向船身，船行顛簸，全船人忍著快暈船的痛苦，在海面尋找鯨豚蹤跡一個多小時，就在熱昏暈到快放棄之時，終於！看見一群黑色短小的背鰭在海面浮現，解說員大喊：「船頭十一點鐘方向有一群瓶鼻海豚！」暈船的人霎時全都醒了，衝到船頭搶看海豚的美麗身影，偶有幾隻小海豚躍出水面，落下時激起白色水花，引起遊客陣陣驚呼。

可惜這群瓶鼻海豚不夠賞臉，不願讓賞鯨船靠近，總是保持至少五十公尺以上的距離，不像熱情的飛旋海豚或熱帶斑海豚，經常游到船頭乘浪嬉戲，是遊客最愛的海豚明星。航程結束，一旁的遊客還抱怨說：「哎呀今天運氣真差！海豚離我們好遠哦。」我心想，台灣人真是太幸福了，不懂知足，賞鯨猶如大海撈針，即使現代科技再進步，還是得靠船長、船員的眼力土法找鯨豚，而且牠們是野生動物，並不是被豢養在大海的固定區域，所以能看到就很幸運了。

台灣賞鯨豚目擊率約有八、九成，但總是會有「摃龜」沒看到鯨豚的時候，也許就像海洋文學作家廖鴻基說的：「海洋不可預約，但值得期待。」將每一次出海都視為是一次全新的體驗，不預設會遇到什麼生物，除了尋找鯨豚，花東海域偶有鯊魚、魟魚、曼波魚、旗魚、飛魚、鬼頭刀、海鳥出沒，都是不同的驚喜，而且從海上回看台灣連綿的青山與湛藍海岸線，視野遼闊、山海壯麗，與從陸地看台灣是完全不同的視野，更能感受到台灣為何會有「福爾摩沙」的美譽。

鬚鯨、齒鯨大不同

賞鯨一詞翻譯自英文「Whale Watching」，泛指出海欣賞鯨魚與海豚，全世界約九十種鯨豚，在台灣海域曾記錄約三分之一種類，因為台灣東海岸緊鄰太平洋，海底地形加上黑潮流經，海域適合鯨豚覓食、棲息、路過洄流，鯨豚種類和數量都豐富，因此自一九九七年起，發展了超過二十年的賞鯨觀光，每年四至十月是最適合賞鯨豚的季節。

鯨魚與海豚都是海洋哺乳類，分別只是鯨大、豚小，通常四公尺以上的物種稱為鯨，因為鯨豚跟人類一樣用肺呼吸，需要到水面換氣，人們才有海上賞鯨的機會。

所有鯨豚其實都是鯨目，再細分為鬚鯨亞目和齒鯨亞目，鬚鯨以口腔內鯨鬚板濾食為主，沒有牙齒；齒鯨顧名思義是有牙齒的鯨豚，以海中魚類或魷魚為食。此外，鬚鯨頭頂有兩個氣孔，但齒鯨頭頂只有一個氣孔，兩者水面噴氣的形狀也不同。

鬚鯨體型較大，像是全世界最大的鯨魚藍鯨，體長可達三十公尺，或是大翅鯨(座頭鯨)、灰鯨、露脊鯨、長須鯨等，也都是鬚鯨，二〇〇三年才被命名的新種大村鯨(角島鯨)，則是全世界第十四種鬚鯨。

抹香鯨則是體型最大的齒鯨，而大

大批飛旋海豚自在地悠游大海，來去不受拘束，與遠方海岸山脈上的遠雄海洋公園形成對比，賞鯨活動讓人了解鯨豚在野外真實生活的樣貌。　（攝影/金磊）

家熟知的虎鯨其實是最大的海豚，是齒鯨亞目海豚科中最大的物種，另外包括偽虎鯨、小虎鯨、瓜頭鯨、柯氏喙鯨、中華白海豚、花紋海豚、熱帶斑海豚、瓶鼻海豚、飛旋海豚、弗氏海豚、真海豚、一角鯨、白鯨等，也都是齒鯨。

賞鯨領台灣人航向海洋

台灣周邊海域也曾有許多大型鯨魚，甚至台灣早期還有捕鯨業，始於一九一三年，在南部海域曾經捕獲大翅鯨、藍鯨、布氏鯨、塞鯨、抹香鯨、長須鯨、虎鯨等，一九八一年因美國強力干預而停止捕鯨，但仍有捕食海豚的行為，一九九〇年澎湖沙港圍捕海豚事件，在國際壓力下，台灣將鯨豚列入保育類，鯨豚保育觀念才逐漸在台萌芽。

但台灣早期鯨豚研究以擱淺為主，台灣大學生態學與演化生物學研究所教授周蓮香說：「在我小的時候，海洋是禁區，甚至二十幾年前也幾乎沒有人在台灣研究鯨豚，大家不相信在台灣海域能看到牠們。」所以一九九六年，她與助理楊世主、漁民廖鴻基等人組成「尋鯨小組」，展開台灣首次海上鯨豚調查，從花蓮石梯港搭漁船出海尋鯨，當時發現虎鯨震撼全台，引發民眾賞鯨興趣，因此揭開台灣賞鯨序幕，一九九七年七月台灣第一艘賞鯨船海鯨號，就從花蓮石梯港出發。

一開始賞鯨非常熱門，因為親海容易、進入門檻低，只要買張船票，就能登船出海尋鯨，最初賞鯨船票每人要價一千五百元、一千兩百元，仍然班班客滿，供不應求。但隨著賞鯨船隻愈來愈多，業者削價競爭，十多年前票價跌至一張八百元，這十幾年來物價已上漲好幾倍，賞鯨船票雖大多仍維持八百元，卻還被民眾嫌貴，賞鯨業愈來愈難做，周蓮香教授指出：「台灣賞鯨其實不貴，國外賞鯨船票價格動輒是台灣的兩、三倍。」

目前東海岸賞鯨固定於四個港口：宜蘭烏石港、花蓮港、花蓮石梯港、台東成功港。烏石港和花蓮港距離市區較近、交通便利，是許多人初次出海賞鯨的地點，這兩港賞鯨船多、遊客也多，偏向大眾化商業經營模式，宜蘭烏石港出海除了可以賞鯨，還能巡航或登龜山島，增加航程中的亮點。

長年於東海岸進行鯨豚調查的研究專家余欣怡指出，宜蘭最常見為長吻飛旋海豚、瓶鼻海豚，偶爾可見真海豚，另外也有小虎鯨與偽虎鯨出沒。但因海底地形不同，花蓮、台東海域最常見則為：長吻飛旋海豚、花紋海豚、熱帶斑海豚，次常見：瓶鼻海豚、弗氏海豚，亦曾目擊許多中、大型鯨，如：深海處出沒的喙鯨科，春季出現的大翅鯨，夏季出現的抹香鯨、虎鯨和短肢領航鯨，但明星物種：抹香鯨、大翅鯨、虎鯨等，往往是可遇不可求。

東海岸四個賞鯨港口的鯨豚目擊率也各有差別。宜蘭較友善鯨豚的蘭鯨號船長陳信佑說，烏石港賞鯨船業者們會一起聘雇一艘尋鯨豚漁船，每天清晨一早就先出海尋找，提高遊客看到鯨豚的機會，但他也坦言，「若別條船看到海

一眼辨識鯨豚

熱帶斑海豚背上似披著深灰色披肩，嘴尖有白點(上圖)。領航鯨呈黑、深灰色，背鰭後彎(右圖)。大翅鯨胸鰭可達身形的三分之一，邊緣長有節瘤(右下)。花紋海豚背鰭花紋形似簡體字「来」，被命名「來」(下圖)。

(上、右、右下/金磊攝；下/林思瑩攝)

珍貴台灣水下鯨豚影像

攝影師金磊苦練多年，拍攝到的第一張台灣水下鯨豚影像就是抹香鯨「花小香」(上圖)。虎鯨每年在台灣海域被目擊僅二、三次，要拍攝到水下虎鯨影像極為難得(右上)。飛旋海豚看似親民，金磊稱之為每天都會見到的老鄰居，但因為游速快，水下影像反而較大型鯨更難拍(右下)。　　(攝影/金磊)

豚，我的客人沒看到，我會被客訴！」所以他也很無奈宜蘭常會有一群海豚被三艘以上賞鯨船包圍的情況，甚至最多還曾有十多艘船一起看一群海豚，讓船家和鯨豚壓力都很大。再加上也許是近年台灣沿近海過漁，小魚變少，鯨豚沒有食物不靠岸，烏石港的賞鯨船得更往外開才能找到鯨豚。

黑潮記錄鯨豚逾二十年

花蓮港則因為海底地形適合鯨豚聚集，離岸不遠水深即達上千公尺，加上賞鯨船隻夠，會互相通報，所以賞鯨目擊率較其他港口佳。

一九九八年黑潮海洋文教基金會在花蓮成立，是台灣第一個以「海洋」為主的非營利組織，同一時間，位於花蓮港的多羅滿賞鯨船公司也成立，多羅滿老闆林振利十分支持黑潮，開啟非營利組織與賞鯨業者逾二十年的合作關係。

黑潮培訓解說員配合多羅滿賞鯨船出海，協助解說與海上記錄鯨豚資料，多羅滿每張賞鯨船票則會提撥部分費用回饋黑潮，作為推動海洋與鯨豚保育的基金，民間雙方合作成就了台灣二十多年「不間斷」的野外鯨豚調查資料，連台灣官方或學界也沒有如此完整的資料。

但黑潮對解說員品質要求非常嚴格，採師徒制，從鯨豚知識、地景水文天空、船隻漁業漁法、海浪洋流知識、甚至是突發急救等都得了解，所以十多年來真正具備「黑潮解說員」資格的人僅數十位，黑潮海洋文教基金會執行長張卉君說，近年花蓮港賞鯨十分熱門，不

金磊自二〇一一年起到東加王國學習水下鯨豚攝影，還曾不小心遭大翅鯨「輕觸」小腿。

(攝影/Zola Chen)

只四至十月，只要天氣許可，幾乎是全年無休，黑潮解說員一年要服務上百航班，夏天旺季甚至有時一天十航次，而常駐花蓮能協助出海解說的也僅十多位，人力非常吃緊，志工們都是靠著對鯨豚與大海的熱情在奉獻。

我曾跟隨不同的黑潮解說員出海賞鯨豚，也許每個人風格不同，但他們每一次看到鯨豚都還是非常開心，會熱情地與遊客分享鯨豚的各種行為：逐浪、跳躍、嬉戲甚至交配等。像是解說員元老之一王緒昂，綽號「土匪」，他從一九九五年就協助學者在台灣海域尋鯨，也是一九九六年「尋鯨小組」船上台灣首次目擊虎鯨的傳奇人物之一，他

鯨豚、不能包圍鯨豚等，像多羅滿船長江文龍發現鯨豚時，第一個動作不是全力加速衝過去，而是放慢船速，慢慢靠近海豚。但據說有些業者會去衝撞海豚群，以為這樣可以迫使牠們跳出水面，逗遊客開心，但其實只是徒勞，又驚嚇海豚。

石梯成功賞鯨獨享大海

花蓮石梯港與台東成功港則與前兩者不同，目前固定營運的是海鯨號與晉領號，兩港交通都不是很方便，花東交界的石梯港更是難到達，石梯海鯨號一代船長林國正為了不讓遊客失望，只要有事先預約，不管當天幾人都開船，他的

虎鯨開啟台灣賞鯨史，「海鯨號」是台灣第一艘賞鯨船(上圖)，也經常與鯨豚研究人員合作，協助東海岸鯨豚調查(下圖)。 （上/林思瑩攝；下/Zola Chen攝）

的解說風格與自然環境融為一體。

黑潮的解說員都十分珍惜每一次出海機會，一般賞鯨船航程約兩小時，但真能與鯨豚互動的時間有時加起來不到三十分鐘，但為了這寶貴的數十分鐘，有人為此搬來花蓮，甚至有人寧願找兼職工作，也不想要正職，「因為這樣才能彈性地經常出海。」顯見他們有多喜歡鯨豚。

然而，也不是每一家賞鯨業者都有行前鯨豚知識解說，但黑潮二十多年來堅持參加多羅滿行程的遊客都得聽半小時的行前解說，了解鯨豚基本知識，才不會到海上一臉茫然。黑潮對於合作賞鯨船的行為也特別要求，例如：不能衝撞

兒子、二代船長林俊潔苦笑說：「每趟航程至少要載十人才不會虧錢，但我經常在載兩人、四人的航班。」成功晉領號也常未滿十人就開船，但也許就是這份人情味，讓石梯和成功每年都有攜家帶眷舊地重遊的回頭客，跟鯨豚一樣每年洄游花東。

此外，海鯨號也經常與研究人員合作鯨豚調查，我曾在二〇一八年七月跟著余欣怡等人，搭乘海鯨號出海一整天，當天上午、下午各目擊一群花紋海豚，每次都能跟隨海豚觀察、記錄、調查兩小時左右，海豚群並沒有感到壓力而加速離去，余欣怡笑讚：「阿潔(船長)觀察海豚的能力非常好！」

因花蓮石梯港少競爭船，經常是海鯨號一艘船包場大海、獨享海豚群，而林俊潔開船的方式也與許多賞鯨船長不同，他除了了解海洋，也熟知鯨豚特性，我們遠遠發現花紋海豚時，他離百公尺外就將船熄火，讓船隨著水流慢慢飄，神奇的是，花紋海豚群下潛後，要換氣時竟是從船邊浮起，準確預測海豚行為。但一般商業賞鯨船在時間與多船壓力下，很難有如此特殊的體驗。

台灣發展賞鯨多年，也啟發許多有志之士，其中，有個瞇瞇眼傻大個金磊，他大學畢業後、二〇〇一年就到花蓮，加入黑潮海洋文教基金會，擔任賞鯨船上的解說員，從此一頭栽進鯨豚攝影世界，金磊坦言：「我是黑潮培育出來的。」他的解說融入攝影師之眼，帶領遊客感受光影與自然環境的細微變化。不會暈船的他，熟知每種鯨豚的習性，從船上拍攝鯨豚水面上的畫面拍得傑出，後來更瘋狂投入水中攝影，跳入大海，成為台灣首位水下鯨豚生態攝影師，每年夏天他都會駐守花蓮，只要外海傳來大型鯨的消息，他就會立刻呼朋引伴包船整裝出海。

尋鯨十多年，抹香鯨對於金磊有份特殊的意義！抹香鯨是體型最大的齒鯨，成年母抹香鯨平均體長十一公尺，公抹香鯨平均十六公尺，一般公車長約十二公尺，抹香鯨大如公車。牠的頭型略方，大頭約占身軀的三分之一，但頭中一半以上是鯨油，因為品質好讓牠曾遭大量捕殺。抹香鯨也是潛水好手，可潛至千米深的海域，甚至可一口氣在海中待將近一小時，而牠到海面換氣時，就像是一根巨大的漂流木浮在水面，牠也是所有鯨豚中唯一噴氣孔不在正中間的物種。特別的是，抹香鯨連排泄物都是寶，偶含腸結石「龍涎香」，是極佳的香水定香劑，價值不菲。

金磊與抹香鯨的淵源從二〇〇七年開始，當時他嘗試在台灣拍攝水下鯨豚影像，而他第一次在台灣水下看到的鯨豚就是抹香鯨，當時不常潛水、也沒有任何水下鯨豚拍攝經驗的他，發現抹香鯨，就一股熱血地跳進海裡想拍，他笑說：「第一次超怕的耶！抹香鯨的背脊像座小山，終於知道那些吸附在鯨魚身上的魚是什麼感覺，當你有機會游在一台卡車旁邊，看你會不會怕！」在船上和海中拍攝是完全不同的感受，人在海中感覺非常渺小。

最親人抹香鯨花小香

他土法煉鋼試拍了好幾年總是不得要領，於是從二〇一一年起，金磊每年都去東加王國學習水下鯨豚攝影，二〇一四年總算在花蓮外海拍到抹香鯨「花小香」的水下照片，「在國外學到的經驗，了解什麼情況才適合下水拍攝，例如看到抹香鯨游得飛快，就知道根本不用想下水，因為人追不上鯨豚游泳的速度。也因為在國外有較多與大型鯨互動的經驗後，較能判斷牠們在水下可能會有的行為。」當時花小香長約十二米，是隻年輕的抹香鯨，玩心很重，不怕人，還會自己游來船邊，逗得全船遊客開心極了。

大村鯨又名角島鯨，曾被分類為小鬚鯨，直到二〇〇三年才被學界確認命名。金磊曾於二〇一七年在花蓮海域記錄到大村鯨。

（攝影/金磊）

抹香鯨除了個別洄游，偶爾也會一大群一起出現，非常壯觀，金磊指出，全世界欣賞抹香鯨「群」最著名的地點在斯里蘭卡，「但其實台灣也有抹香鯨群！我在花蓮外海出調查船時，曾看過同時出現六十幾隻抹香鯨。」可惜台灣賞鯨船受限於每次航行時間約兩小時，台灣人又很容易暈船，搜尋的海域範圍其實很小，兩個小時航行範圍不超過五十平方公里，金磊期待地說：「如果我們能在海上搜尋更大的範圍、待的時間更久，也許能發現台灣海域還有許多特殊的生物。」

這些年來金磊游遍全球拍攝鯨豚，更近距離了解鯨豚習性，到日本御藏島拍

鯨豚個體影像資料庫，可進一步作為分析族群移動模式與社會結構等的依據，每隻鯨豚都有不同的特徵，影像辨識就像是建立鯨豚身分證，例如：抹香鯨、大翅鯨可從尾鰭辨識，花紋海豚和虎鯨則可觀察背鰭。目前黑潮已辨識出多隻不同的抹香鯨，花小香頭頂有顆像觀音痣的黑色組織較易辨識，其他則需比對照片才能確認。還有隻花紋海豚名叫「來」，因為牠的背鰭紋路彷彿寫著簡體字「来」，透過影像辨識發現牠十幾年來都曾出沒於台灣海域，讓研究人員非常感動。

二〇一八年三月四日和二十八日，曾出現大翅鯨母子對，經影像辨識確認為

金磊赴挪威拍攝虎鯨家族攝食鯡魚群，每天頂著零下七至九度的低溫尋找虎鯨(上圖)；日本御藏島的瓶鼻海豚每隻經影像辨識(Photo ID)，建立族譜(下圖)。(攝影/金磊)

攝瓶鼻海豚、挪威拍虎鯨、阿根廷記錄南方露脊鯨、斯里蘭卡尋藍鯨等，最後他發現：「台灣其實很厲害！去世界各地很多地方可能只為拍一種鯨豚，但在其他國家會出現的鯨豚，台灣幾乎也都曾目擊，物種多樣性很高，雖然有些鯨豚出現的次數很少，不適合發展特定物種觀光，但就研究、記錄的角度而言，台灣很精彩！」每年都還是有不同的驚喜，即使已記錄台灣鯨豚多年，金磊仍對鯨豚有執迷不悔的熱情。

影像辨識協助鯨豚研究

拍攝照片也能協助鯨豚研究，因為可以透過影像辨識(Photo ID)的方式，建立

同一對。二十八日中午金磊和夥伴包船出海尋鯨，因為大翅鯨母子當時游得很快，並不適合下水拍攝，他們就一路跟隨，金磊指出：「跟大型鯨的原則是，不要去切到牠前進的路線上，不要造成壓力，牠們沿著花蓮海岸游，所以不能把牠往內推。」

一開始約十四公尺大的大翅鯨媽媽游在船和四公尺大的「寶寶」中間，表示警戒，但寶寶經常充滿好奇心，也許是發現船跟了一會兒沒有惡意，後來媽媽放心地讓寶寶自己靠近船，大翅鯨寶寶玩心大發，旋轉、跳躍，逗得船上的人驚呼連連，甚至留下大翅鯨在蘇花公路前躍身擊浪的珍貴影像。

但可不是每一種鯨豚都容易做影像辨識，像台灣海域很常出現的飛旋海豚，因為每一隻都長得太像，實在很難辨別，而且牠們也是金磊覺得最難拍攝水下影像的鯨豚種類，「大型鯨是貴客，但飛旋海豚就像鄰居一樣，時常出海都會看到牠們，平常很喜歡在船邊玩，但真的太靈活了，人的游速根本追不上。」余欣怡指出，花蓮外海的飛旋海豚可能是定居台灣的族群，整年都在，偶爾可見飛旋寶寶身上還有新生兒胎痕，是牠們在東海岸繁衍後代的證明。

金磊更透露，遊客常看到飛旋海豚在船頭乘浪，許多解說員都會開玩笑說海豚來歡迎大家，「但其實牠們只是來船頭搭著水流往前進，在船頭飛旋海豚尾巴擺動頻率會變低，比較輕鬆省力，但只要船隻一停，船的推力沒有了，牠們就會鳥獸散，非常現實！」生物專家的觀點果然務實地打破旅人的幻想。

台灣水下鯨豚攝影難度高

然而，「有時在台灣一整年可能只拍到一張滿意的水下鯨豚照片。」金磊二〇一六年最興奮的莫過於拍到台灣水下虎鯨影像，但當時浪大流大，虎鯨游得飛快，並不適合人下水，所以他是把GoPro防水攝影機放到海中拍攝畫面，但仍讓他非常興奮：「挪威是全球知名的水下賞虎鯨地點，但挪威的虎鯨是定居型，不像台灣的是大洋型，游動範圍大。」金磊指出，虎鯨每年在台灣海域可能只出現兩、三次，機率極低，每次都是一個家族的父母小孩同時出現。

金磊連續兩小時反覆跳海多次嘗試，才成功與偽虎鯨短暫共游五秒，牠還主動游來偵察。 (攝影/金磊)

虎鯨又被稱作殺人鯨，是海豚科中最大的物種，但其實牠們並不會殺人，英文俗名「Killer Whale」，是指牠們是海中鯨豚殺手，甚至連大白鯊都不是虎鯨的對手。許多台灣賞鯨船長最難忘的回憶都是虎鯨，成功晉領號兩代船長都說：「其他鯨豚看到船大多會下潛游走，但虎鯨完全不怕船，甚至會游近船邊勘察、同游，十分霸氣，展現海中王者風範！」而台灣賞鯨的起源也與虎鯨息息相關。

賞鯨發展逾二十年，總共帶領超過六百萬人次出海，包含國內、外旅客。余欣怡指出，鯨豚保育這麼多年來，讓一般大眾終於認知鯨豚不是食物，而是保育類動物，也讓更多人有機會到野外欣賞在大海中悠游的鯨豚，理解水族館的鯨豚表演並非生物原貌，甚至記錄到罕見的新種大村鯨，台灣是全球少數有大村鯨活體影像紀錄的國家。

賞鯨業如何永續發展？

二〇一八年四月二十八日，海洋委員會海洋保育署成立後，台灣海洋事務開啟了新的篇章，包括海汙海廢、海洋生物等，都是海保署的權責範圍，海洋野生動物保育的主管機關，也從農委會林務局變更為海保署。

然而，二〇一八年九月抹香鯨花小香一連多天現身花蓮外海，吸引多艘賞鯨船圍觀，也引發是否該制定更完善賞鯨規範的討論。

據海保署《海洋保育啟航》報告指出，賞鯨對生態可能造成影響，包括船隻燃料汙染、遊客隨意丟棄垃圾、過度開發敏感的沿海地帶，干擾鯨豚與其他野生動物生態，會造成短期或長期的衝擊，所以，推動友善賞鯨是改善賞鯨產業品質的第一步。

因此，花小香風波後，海保署先與黑潮海洋文教基金會合作，製作「台灣海域賞鯨指南」摺頁，向大眾宣導野生動物觀察和親近原則、說明船隻如何與鯨豚接觸才能減少對牠們的干擾與衝擊、遊客在賞鯨過程中應如何與鯨豚互動等原則，建立遊客在賞鯨活動前的認知。隔年再與賞鯨從業人員、專家學者共商台灣如何更加友善賞鯨。

雖然鯨豚在台灣列入保育類已三十年，但這些年來鯨豚混獲誤捕事件仍層出不窮，為了捕捉人類想吃的旗魚等漁獲，許多鯨豚因此喪命。漁民會把多張流刺網組合在一起，在海中一放就是超過十公里，動輒數十艘船在東部海域作業，處處是死亡之牆，游經台灣東岸太平洋海域的海洋生物，猶如經歷一場生死存亡的考驗。鯨豚依靠回聲定位系統，還有機會閃開漁網長城，但浪大時，鯨豚的回聲定位系統也會失效，若是中網無法到水面換氣，鯨豚就會溺死海中。

據了解，十多年前曾統計花蓮石梯至台東成功海域，一年因流刺網混獲誤捕的鯨豚超過兩千隻。但近十年來政府並沒有持續追蹤，缺乏相關數據，台灣每年到底有多少鯨豚混獲死於流刺網？仍是個謎。

甚至二〇一八年在雲林查獲台灣史上

躍出水面的飛旋海豚寶寶，身上還有著新生兒胎痕，是花蓮海域飛旋海豚族群在東海岸繁衍後代的證明。

(攝影/金磊)

最大宗非法宰殺買賣保育類鯨豚案件，查扣鯨豚達五千九百一十四公斤。經DNA比對，種類包含小抹香鯨、短吻或長吻真海豚、柯氏喙鯨、侏儒抹香鯨、糙齒海豚、熱帶斑海豚等。經過檢方調查，這批鯨豚主要來自宜蘭、東港、台東等地漁民的漁業混獲，顯示鯨豚在台灣受到偷獵與漁業衝突的情形仍存在。

但其實許多賞鯨船長也是從漁民轉型做旅遊觀光，從討厭鯨豚搶食漁獲，到帶遊客以賞鯨豚為生，每天出海尋找鯨豚的蹤跡，海洋面臨的困境他們最清楚，隨著海洋資源愈來愈匱乏，出海尋找鯨豚也愈來愈困難，海鯨號船長林俊潔說：「十幾年前出海幾乎不用找鯨豚，隨便看都有，但現在每趟航程得找得很辛苦，還不一定找得到。」

鯨豚做為海洋食物鏈頂端物種，牠們的數量與存亡，是海洋環境是否健康的指標。過去一個世紀，鯨豚曾被大量捕殺，加上現今海洋環境日益惡化，鯨豚生存、繁衍困難，牠們性成熟晚、懷孕時間長、產仔數量少，部分物種正面臨滅絕危機。

台灣賞鯨走過二十多年風華，人們對於鯨豚、大海從完全陌生，到逐漸認識、了解，若未來賞鯨企盼朝向負責任的「生態旅遊」方向前進，得訂定規範、提升賞鯨品質與兼顧漁業管理，才能永續發展，「鯨」喜源源不絕。　◆

更深入精闢的訪談，就在《經典.TV》

一隻飛旋海豚在日出時的清水斷崖前躍出水面。台灣有「福爾摩沙」美譽，出海賞鯨再從海上回看陸地，是全然不同的風情。（攝影/金磊）

白海豚
的未來

青年白海豚與幼年白海豚齊游海中
台灣的白海豚主要棲息於西部沿海與金門
因棲息環境與人為活動範圍重疊度高
生存面臨危機，數量逐年減少
西部沿海白海豚族群僅剩約五十隻
突顯了海岸開發、海洋資源枯竭的警訊

（陳高榜攝，周蓮香研究室提供）

第一次從台中港出海尋找白海豚，不同於在台灣東海岸出海看到的碧海、藍天、青山，從西海岸台中梧棲漁港搭觀光船出海，首先映入眼廉的是台中火力發電廠，五根分別高兩百五十公尺的煙囪，直挺挺地插在海埔新生地上，它是全球第二大燃煤火力發電廠，二氧化碳排放量全世界數一數二。

觀光船從台中梧棲漁港出海，導覽員介紹的不是自然景觀，而是台中港周邊的各種人工設施，越過長約三公里的北防波堤，港外停泊的大型貨輪正在等待引水船的接引，放眼望去，台中的天空灰濛濛的、海灰綠綠的，岸上一望無際的，不是「護國神山」，而是一棟又一棟的人工建築，工廠的煙囪此起彼落，岸邊偶爾間隔插著不停轉動的大風機，跟從東海岸出海的原始山海樣貌，截然不同。

在海上船行巴望了一個多小時，未見白海豚現蹤，但卻不時可見貨輪、漁船、海釣船不斷往返進出，水下聲音的世界比海面更熱鬧。然而，整趟航程中比沒看到白海豚更失落的是，看到了原來牠們的居住環境是如此差，就像把人放進一個有霧霾和噪音的空間裡，喝的水可能也不是很乾淨，不時還有誤中漁網喪生的危機。

回頭遠望西海岸「經濟繁榮」的景象，頓時升起愧對白海豚的心，加上開車前往台中港時，沿著西海岸一路開，心一路沉，風景跟花蓮、台東大山大海的景象完全兩個樣，從小在台北長大的我，從沒想過我習以為常的便利生活、

三隻粉紅色的白海豚長期出沒在苗栗海域。當白海豚成年時，體色呈現粉紅色，而且斑點會隨著年紀漸長而變少。　（劉明章攝，周蓮香研究室提供）

在課本上讀到的台灣經濟起飛，可能有部分是犧牲西海岸的人、生物與環境所換來的。

台灣進入離岸風電時代

二〇一九年十月台灣首座離岸風場正式完工，二十二支離岸風機坐落於苗栗竹南龍鳳漁港外，宣示台灣將邁入離岸風電時代，未來還將在西部沿海設置上百架離岸風機。為了減緩興建離岸風場造成對鯨豚的影響，政府首次試辦「鯨豚觀察員」培訓課程，我幸運地抽中全國首批四十位培訓的民間鯨豚觀察員之一。

上完一日的室內課程，了解水下人為噪音與影響、離岸風場水下噪音影響減輕措施、監測方式與設備、鯨豚觀察與辨識、鯨豚觀察員海上工作技能、被動聲學監測等知識後，二〇一九年八月下旬我第二次從台中港出海，進行鯨豚觀察員的海上實習課程，希望能巧遇白海豚。但除了手忙腳亂地學習海上工作的每個細節，依舊未見白海豚。

九月中旬，再登船跟拍台灣大學生態學與演化生物學研究所教授周蓮香團隊的白海豚調查，我和攝影師安培淂一早六點就抵達梧棲漁港，跟研究團隊在海上曬一整天尋找白海豚，從台中港先往北到大甲溪口，再往南到彰化鹿港彰濱外海，看著岸上的風機轉啊轉，但海面卻又未見任何粉白身影，再次摃龜，與白海豚無緣。

根據近年調查顯示，生活在台灣西海岸的白海豚族群僅剩五十隻左右，我連

居住在西部沿海淺水域的白海豚，面臨了來自陸地的汙染、棲地減少、漁業誤捕、海中垃圾、水質汙染、水下噪音干擾等諸多威脅。

(繪圖/蔡宗憲)

三次從台中梧棲港出海、一次比一次時間更長、跑的範圍更遠，但卻都鎩羽而歸，著實感受到白海豚數量在西海岸有多麼地稀少。

白海豚數量年年減少

印太洋駝海豚就是俗稱的中華白海豚，牠們主要分布在印度洋及西太平洋的亞熱帶與熱帶海域，台灣是中華白海豚分布的最東界，出身台灣的白海豚研究專家、廣西科學院北部灣海洋研究中心研究員黃祥麟，跑遍亞洲有白海豚的許多地區，在台灣、香港、廣西、泰國等地觀察、記錄白海豚生態，發現台灣的白海豚是最難以接近的，常常船還沒

彰化芳苑王功海灘上，發現一隻死亡幼豚，僅出生不到一週。

根據海洋保育署整理資料顯示，台灣對於白海豚的調查研究起步較晚，早期紀錄出現在一九九〇年代的漁民問卷訪查中，二〇〇〇年在苗栗和桃園有死亡個體擱淺紀錄，至二〇〇二年才首次在海上調查中目擊，正式確認台灣有白海豚族群的存在。

台灣的白海豚可分為西部沿海與金門兩大族群，而較受關注的西部沿海白海豚分布北起新竹香山，南迄台南七股，呈現狹窄南北線性分布，西岸的白海豚偏好在水深五至十米的近岸海域，有時甚至在離岸不到一百公尺的距離，站在

建設離岸風機時的水下噪音也可能影響白海豚健康(上圖)；刺網是導致白海豚因「混獲」死亡的威脅之一(下圖)。 (上/簡毓群攝；下/陳高榜攝，周蓮香研究室提供)

有靠近就已經下潛。

白海豚經常三五成群一起出現，但很難從外觀判斷公母，僅母子對同行時，較能判定其中體型較大的是雌性，但母子體色也是完全不同！白海豚剛出生時的體色呈現暗灰色，隨著年齡增長會慢慢變淡、出現斑點，成年白海豚則會呈現白色，甚至具有粉紅色澤，是非常夢幻的物種。

周蓮香指出，台灣的雌性白海豚可能與一般海豚相似，約在九至十一歲性成熟，大約每三至七年生育一胎，每次僅生一胎寶寶，生殖力很低，再加上新生幼豚的存活率偏低，僅三分之一有機會活到三歲以上，二〇一九年初就曾在

岸邊就能看到牠們，二〇一九年還有民眾在桃園永安附近海域目擊，將台灣白海豚分布的海域更往北推。

過去，台灣西岸白海豚的分布常有南、北熱區之說，但經過多年調查研究，周蓮香表示，海豚會游來游去，哪裡有食物就往哪裡去，活動海域跟牠的食物息息相關。黃祥麟也認為：「根本沒有所謂的熱區，整個西岸都是白海豚的棲息環境。」他指出，台灣西岸一九八〇至一九九〇年代，經歷幾個大規模圍填海工程，根據研究顯示，白海豚傾向分布在人為干擾較小、遠離圍填海的區域。

周蓮香研究室多年來拍攝、記錄台灣

西海岸每一隻白海豚的照片，進行生物個體影像辨識(Photo ID)，在數十萬張照片一一校對，將活過三歲的白海豚登錄進戶口名簿，可辨識的總數有八十隻，但有十幾隻白海豚已多年未見，其中僅四隻確認死亡，有回收擱淺屍體。根據調查資料，二〇〇八至二〇一七年間，西岸白海豚每年目擊個體數(不包括嬰幼豚)大多都在六十多隻左右，但二〇一八年從約六十隻降到五十隻左右，族群數量明顯下滑。

人為衝擊白海豚生存

西部沿海的白海豚族群數量稀少到比石虎還少，且同樣具獨立封閉性，生活

聽力受損、降低免疫力，亦可能干擾捕食跟溝通行為；工業、農業與家庭廢水等化學汙染，可能直接影響海豚或影響食餌魚類；河口區淡水注入減少，降低棲地品質。

為了保育台灣西部沿海白海豚族群，農委會曾於二〇一四年預告訂定「中華白海豚野生動物重要棲息環境之類別及範圍」，涵蓋海洋生態系與河口生態系的複合型生態系，面積達七萬六千三百公頃，範圍包括當時監測調查到的百分之九十八的白海豚目擊點，橫跨苗栗、台中、彰化、雲林的近岸海域，但最終因各方意見分歧，迄今尚未公告。二〇一八年海洋委員會成立後，目前白海豚

台灣的白海豚數量非常稀少，若不幸死亡，但個體完整，仍可藉研究讓人們有機會更了解牠(上圖)，但可惜的是，大多數白海豚擱淺死亡過久、臟器都已腐敗(下圖)。

(圖/中華鯨豚協會提供)

環境與人類活動範圍相近，西岸白海豚分布範圍與台灣西部經濟、工業發展區域重疊，受到人為衝擊非常大，所以農委會在二〇〇八年將中華白海豚公告為「保育類野生動物名錄」一級保育類：瀕臨絕種野生動物。

國際自然保育聯盟(IUCN)瀕危物種紅皮書(Red List)的物種報告中指出，威脅台灣白海豚族群存續的主要因素為：漁業誤捕、棲地退化與減少、水質汙染導致疾病，以及水下噪音干擾等，並將白海豚受到「人為活動」衝擊歸納為五大項：棲地減少與棲地品質下降；漁業誤捕與漁船撞擊；噪音與干擾可能使海豚

的主管機關為海委會海洋保育署，接手持續跟各方關係人溝通協調中。

多年來眾人逐漸知道保育白海豚很重要，政府、學界都積極投入調查研究，六個NGO團體也組織了台灣媽祖魚保育聯盟(按：每年農曆三月媽祖生日前後，海象平穩較容易發現白海豚，因而有「媽祖魚」之稱)，多年來擋下了數件西海岸重大開發案，如國光石化等。但十多年過去，台灣的白海豚數量還是「只減未增」，除了大聲疾呼特殊單一物種的保育，更重要的是，得喚醒大眾重視棲地保育、生態系健康與否。

黃祥麟指出，白海豚位在生態系的

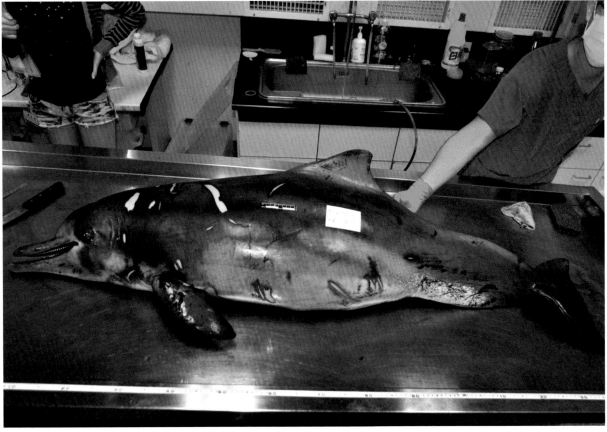

頂端，是高級掠食者，藉由保護白海豚，就可保護整個棲息地和生態系的健全，談保育需要有宏觀格局，不是只看時間、空間，還要省思很多角度。過去五十年來，台灣西部海岸線的地景因為各種濱海工程，例如：河川整治、興建海堤、填海造陸、集水工程、沿海工業區開發等，發生極大的變動，外傘頂洲也快消失了。

黃祥麟對比一九七〇年代至今的衛星空照圖發現，西部沿海的基礎生產力退化，過去三、四十年來台灣河川截流情況嚴重，該進到海裡的營養鹽也減少了，進而影響海洋生物的棲息環境。他呼籲，台灣的白海豚要保育成功的關鍵，不只海洋，還有陸地。海保署署長黃向文也表示，如何管控流進海裡的河水是健康的，也是一大挑戰。

漁業枯竭白海豚同慘

白海豚的分布則與食物來源的豐富度有關，目前已知台灣的白海豚曾進食日本海鰶及石首魚類。但近二十年來，由於過度捕撈、非友善漁法以及海洋生態環境的惡化，台灣漁業資源日益衰退。根據漁業統計年報分析，在白海豚主要分布的六縣市海域，漁獲量逐年下降，顯示近岸漁業資源日益減少，可能影響白海豚生存。

但白海豚是保育類動物，漁民並不會故意捕捉牠，大多是在捕撈其他漁獲的過程中造成的「混獲」傷害，這也是白海豚的死因之一，其中對白海豚威脅最大的漁具漁法是刺網，拖網次之。

據研究顯示，在二〇〇六至二〇一一年間，已辨識的七十一隻白海豚中，有百分之四十一的白海豚身上帶有人為傷疤，有許多是漁具纏繞的傷痕，其中一隻纏網的白海豚後來擱淺死亡。

但在海保署研商白海豚保育的專家諮詢會議中，不管是官方還是學界，都十分明白且強調：白海豚保育行動能否成功，與漁民的參與度有高度相關。自然科學博物館助理研究員姚秋如表示，海洋保育並不是要與漁民對立，而是要一起想方設法讓海洋環境變好，這樣漁民與白海豚才都能共好。

除了來自陸源的汙染、近岸的開發、沿海的捕撈外，已無退路的白海豚，未來更將夾在上百架離岸風機中求生存。

為落實國家能源轉型目標，政府正大力推動離岸風電，但離岸風機施工期間，打樁過程會產生高強度的低頻噪音，是水下主要人為噪音之一；運轉期長期的低頻噪音，更可能大幅改變棲地的聲景環境，增加鯨豚的生理壓力，也可能遮蓋發聲魚類的低頻鳴唱。

而西海岸水下噪音來源，主要為沿近岸海域的開發行為和船舶航行，水下噪音可能迫使白海豚的動物行為產生改變，加長下潛時間和加快游離的速度等，甚至可能影響牠們的定位系統，導致擱淺或死亡。

雖然目前離岸風場選址均已避開二〇一四年農委會列出的白海豚重要棲息環境，且有一定的施工標準與規範，並必須配置鯨豚觀察員。但海洋大學海洋事務與資源管理研究所教授邱文彥提醒，

二〇一六年於中部大肚溪口拍攝到的這隻白海豚，體長不到一米，體色呈現幼年的灰色，推測應為一歲左右的幼豚。

（攝影/黃祥麟）

過往台灣並無離岸風場興建的經驗，所以在政策、規畫、審議和相關機制等環節，仍有諸多議題尚待探討，但台灣離岸風場的政策推動跑在各種海域空間規畫與管理之前，並未將海域利用進行整體的盤點與規畫，以至於漁民、保育人士和開發商、政府間衝突不斷。

許白海豚一個未來

雖然台灣推動白海豚保育已十多年，但黃祥麟對台灣的白海豚未來並不樂觀，有些他曾記錄過的白海豚，也已經消失在西部海域。問他為什麼還要拍照、監測呢？

他以二〇〇六年中國宣布「功能性滅絕」的白鱀豚為例，在野外就算還有個體，數量也很難延續，「白鱀豚不知不覺就消失了，牠到底怎麼消失的？沒有人知道。」所以，盡其所能地為台灣的白海豚留下一點紀錄，是他覺得至少個人能做的事。西部海岸早年扛起了台灣經濟起飛的重擔，工業發展、城市聚落，拚經濟、發大財；未來，西部海域更將承接起台灣對於能源轉型的期盼。

人類的欲望無窮，但不會說話的白海豚卻日漸稀少，而牠們只是西部海洋資源枯竭的象徵之一，黃祥麟感嘆地說：「若台灣的白海豚將有可能在我們有生之年消失，我們是否有從這過程當中學到些什麼？」 ◆

更深入精闢的訪談，就在《經典.TV》

從台中乘船出海，映入眼簾的盡是人工建設，包含世界第二大火力發電廠，沿岸開發與排放廢水皆影響著白海豚的生存。

(陳高榜攝，周蓮香研究室提供)

小生物 大亮點

依山傍海的深澳灣位在台灣東北角一隅
如此壯闊山海美景離台北都會區並不遠
海面之下是繽紛海洋生物的天堂
海面之上卻滿布人為設施
沿岸環境被破壞多年，珊瑚減少七成
令海洋生態更加岌岌可危

（攝影／顏松柏）

龜山島是座活火山，龜首海中有多處硫氣孔和淺海熱泉噴口，一般生物在此難以生存，但烏龜怪方蟹卻能成千上萬地散布在噴口礁石上。（攝影/Peggy Chiang）

全世界幾乎很難找到一個像東北角這樣的潛水勝地，距離國際大都會台北僅三十分鐘至一小時車程，是水中微距攝影天堂，有許多特殊的小生物：皮卡丘海蛞蝓、豹紋蝦、蜘蛛蟹等，一個個一般人不一定認識的小生物，卻是吸引國際水中攝影高手來台尋寶的目標；另外，也有廣角潛點：基隆嶼、龜山島、水晶宮等，絕美的山海景觀之下，有著奇特的海洋自然生態。

許多人可能都曾到過龜山島旅遊，從宜蘭烏石港搭船出海巡航、賞鯨豚、登島環島，但在龜山島潛過水的人，可就不多了！因為船家、潛導、氣瓶安排不易，一般人其實很少有機會到龜山島潛水。

龜山島位於宜蘭外海以東約十公里處，外形酷似一隻龜漂浮於海上而得名，也是世界少有的特殊潛點，因為是活火山，龜首附近海域仍有許多火山噴口，形成許多大小不一的淺海熱泉、硫氣孔和噴氣孔。

在龜山島潛水跟大多數潛水體驗很不相同，彷彿要去泡溫泉似的，搭船在龜首附近海面上就能聞到濃濃硫磺味，看著混濁如牛奶色的海水，非常夢幻，但跳入海中，能見度極差，得跟好潛水導遊才不會失散，但被充滿硫磺味的溫暖海水包圍，感覺很奇妙。愈接近海底礁石，逐漸能看到噴氣孔不斷冒出的泡泡和硫磺煙柱，偶爾水中還會突然傳來轟隆巨響，讓人潛得膽戰心驚。

特別的是，在海底火山噴泉口附近，因為海水酸性和溫度都較高，一般生物難以生存，但宜蘭龜山島特有種「烏龜怪方蟹」卻成千上萬散布在噴口礁石附近，牠是二〇〇〇年才被發表的新種，也稱溫泉怪方蟹，以海中像雪花般不斷沉降的有機物碎屑為食。

然而，在龜山島的另一頭，水深不到五米的近岸，則是截然不同的景象，遍佈著綠油油的珊瑚礁，生機盎然，與看似貧脊的熱泉噴口附近景象截然不同，讓人見識到小小的龜山島海中生態竟如此多元。但龜山島周邊也是台灣重要漁場，有許多漁船在附近作業，在海中潛水偶爾會見大片漁網，需留心安全。

水中微距攝影天堂

除了宜蘭特有的烏龜怪方蟹，從基隆

深澳電廠原計畫建於深澳灣（左圖），但附近海洋生態豐富，深澳灣有水下玫瑰花園，鄰近的番仔澳灣潛點水晶宮海流強勁，海扇遍布且密集，許多巨形海扇都比人還大（右圖），所幸停建電廠，保住生態。

（攝影/ Perry Kuo）

到東北角沿岸海中還有許多難得一見的小生物，即使東北角地形多奇岩怪石，在此岸潛猶如背著十多公斤的氣瓶裝備攀岩健行，但仍吸引許多潛客絡繹不絕，明星物種有：豹紋蝦、蜘蛛蟹、虎蝦、蜜蜂蝦、Takako海蛞蝓、蘑菇豆豆海蛞蝓等，蝦、蟹、海蛞蝓種類多，堪稱微距攝影天堂！而有毒但不會主動攻擊人的藍環章魚和火焰花枝也常見，令人驚奇。

在東北角潛水十多年的水中攝影師張嘉麒(Marco Chang)指出，豹紋蝦在國外很少見，幾年前僅在印尼安汶、菲律賓阿尼洛和宿霧、日本伊豆大島等地被發現，「但在東北角這小地方，就曾發現四種顏色豹紋蝦：白、黃、黑和粉紅，最大才二點五公分，最小蝦苗僅零點幾公分，就連基隆嶼也有豹紋蝦蹤跡，外國攝影師都想來拍。」但因豹紋蝦是擬態高手，隱身在生長於流區的豹紋海葵上，並不容易發現。

蜘蛛蟹在國外也很難見到，但在基隆市望海巷潮境海灣資源保育區的潛點祕密花園，眼睛猶如裝了放大鏡的張嘉麒輕易找到牠們。他說，蜘蛛蟹每年會有固定繁殖季節，只要時間對了，繞一圈祕密花園，就可找到七、八隻蜘蛛蟹。

張嘉麒熱愛記錄東北角水下微距生態，曾在祕密花園發現北部第一隻巴氏豆丁海馬，也曾帶我夜潛祕密花園，當時寶可夢(Pokémon GO)遊戲興盛，一堆人在潮境公園抓寶，他則帶我跳海尋找有「海中皮卡丘」之稱的太平洋多角海蛞蝓，約一、兩公分大，圓潤的黃色身

擬態高手的約紋蝦，住在豹紋海葵上，僅一公分長，極難被發現。

(攝影/Marco Chang)

形點綴黑色線條，彷彿迷你版皮卡丘，十分可愛。

水晶宮海扇森林壯觀

張嘉麒對東北角海域哪個潛點有什麼生物如數家珍，「因為東北角是我們的家啊！」北部有許多藏在各行各業的瘋狂潛水員，他們把東北角海域當成自家後花園，有空就去潛水巡田水，淨海、攝影、關心海中生物朋友的一舉一動，潛水教練蘇耀威(Paul Su)更是把一般人大多船潛前往的潛點番仔澳灣水晶宮，以「岸潛」當運動。

潛水前輩王銘祥(活塞教練)和郭熙文(Perry Kuo)曾在二〇一〇年公開新北市番仔澳灣水晶宮的生態影像，成功與環團一起阻止台電卸煤碼頭蓋在番仔澳灣，移址深澳灣。但其實兩灣就在深澳岬的兩側，不管蓋在哪，海洋生態都會連動影響。

二〇一八年興建深澳發電廠的議題捲土重來，建與不建炒得火熱，為了一探附近海域生態，我跟著蘇教練實際岸潛一趟水晶宮，真是生不如死的辛苦過程，但，很值得！

為了抵擋低海溫，豔陽高照的五月天，我卻穿著兩套防寒衣、兩頂頭套，再背著數十公斤重的潛水裝備，跟著蘇教練從海灣停車處的山坡，如負重行軍般走下沙灘。山坡陡約四十五度、長約五十公尺，我小心翼翼，深怕踩空跌倒而受傷，還沒走到下水點，已經汗如雨下、氣喘吁吁。

沿著海灣游出去，水溫比我想的高，

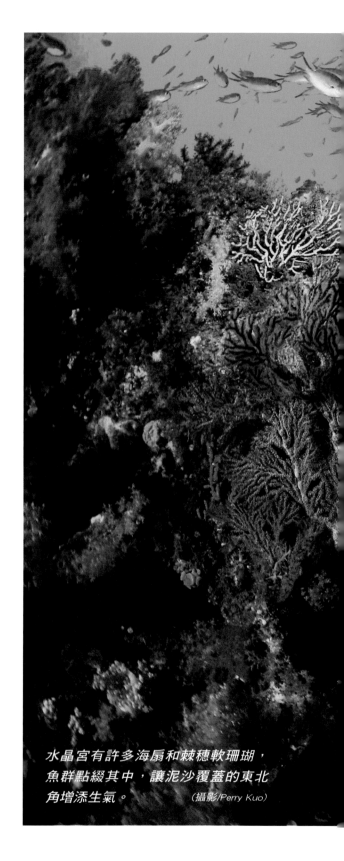

水晶宮有許多海扇和棘穗軟珊瑚，魚群點綴其中，讓泥沙覆蓋的東北角增添生氣。
(攝影/Perry Kuo)

有二十二度，幸運地只是遇上小流，能見度還有五米。跟著蘇教練在海中繞來繞去，發現東北角海中地形，就像陸上地質景觀一樣，水下礁岩也是峽谷峭壁，從藻類遍布的近岸，到長滿小株棘穗軟珊瑚和小海扇的礁岩，遊客蹤跡逐漸稀少。

從岸邊潛游三百公尺，終於，看見長約兩百二十公分的橘色大海扇在水晶宮入口迎接我！但它被人為破壞砸出大洞，十分可惜。蘇教練帶領我游入水晶宮，在礁石峭壁間鑽來鑽去，舉目所及盡是長一公尺以上的大海扇，有黃、有紫、有紅，美不勝收。

蘇教練說，水晶宮除了長兩百多公分

二○一八年中，王銘祥與許多潛水愛好者發動記錄深澳灣生態，發現綿延百公尺長的大片珊瑚礁，因外形像一朵朵的玫瑰，而命名為「玫瑰花園」，潛點離岸近、水深約五米，很適合浮潛，他們將影像不斷透過社群與媒體傳布，告訴人們深澳灣珍貴的海洋生態。最後，時任行政院長的賴清德，在桃園藻礁觀塘案通過環評後四天，即宣布停建深澳電廠，讓北部海域珊瑚礁生態得以逃過一劫。

北部海域近七成珊瑚死亡

但其實北部海域的珊瑚三十年來，平均已減少三分之二，將近七成！研究台

深澳海域發現大片珊瑚，猶如水下「玫瑰花園」（上圖）；潮境保育區出現多隻石斑魚，牠是珊瑚礁指標生物，讓人欣見保育區成效（下圖）。 （上/Marco Chang攝；下/京太郎攝）

的巨大海扇，整片海域也是海扇遍布，堪稱海扇森林，每株海扇動輒比人還大，還有燕魚和石鯛魚群悠游其中，生態極為豐富，讓我在海中看傻了眼，差點飆淚。原來在離我從小長大的大城市這麼近的海岸，不用一小時車程就能到的地方，就有如此繽紛壯麗的生態，我不用去綠島、蘭嶼，更不用出國，牠們就在我身邊，咫尺天涯，真的很珍貴！

但水晶宮是高級潛點，從海扇的壯觀程度就能得知，因為海扇是軟珊瑚，靠著與水流垂直的特點覓食，能長這麼大、這麼多，表示水流很強，加上位於深澳岬附近，海流強且亂，不建議一般潛水員任意前往。

灣珊瑚超過三十年的權威、台灣大學海洋研究所教授戴昌鳳十分感慨，相較於大堡礁近年大量珊瑚白化死亡，澳洲政府極力搶救，北部珊瑚長期大量減少，卻鮮少人關注。

戴昌鳳從一九七六年開始潛水，二十多年前看見政府為拓寬北部濱海公路，從山壁挖下的土石直接往海裡倒，讓他很心痛，因為北部海域珊瑚大都生長在淺海，土石一覆蓋，珊瑚小命就不保。珊瑚是由珊瑚蟲組成，許多珊瑚體內有共生藻進行光合作用，提供養分給珊瑚，若是被土石覆蓋無法進行光合作用，珊瑚就會逐漸白化，進而死亡。

珊瑚為什麼重要？戴昌鳳說明，因為

珊瑚可以吸附二氧化碳，平衡生態和氣候，有海中熱帶雨林之稱，但也十分脆弱，易受汙染破壞，海洋雖然有自淨的能力，但須花很久時間自淨。

然而，目前台灣陸上汙染持續增加，北部海域要恢復過去榮景非常困難，甚至有些海域減少的珊瑚覆蓋率已超過八成，例如卯澳灣，以前非常漂亮，但現在環境破壞和漁業過度捕撈後，珊瑚生態已奄奄一息。

戴昌鳳指出，北部珊瑚的死亡主因是泥沙沉積物覆蓋，其實跟海陸環境息息相關，例如陸上的土地開發、在山上蓋房子，泥沙都會經由河川沖刷入海，汙染海洋。一九八〇年代，在東北角潛

角潛水還能看見整群大石鱸，每隻都超過一米，就連龍蝦以前也可以超過一米長，但現在幾乎很難找到了。

六十多歲的基隆老船長林新永也說：「數十年前，基隆望海巷海灣裡就有旗魚、曼波魚，甚至有鯊魚，以前漁船鏢台就是為了鏢這些大型魚類。」可見以前北部海洋有多精彩，但現在已不復見。他也坦言，部分漁民過度捕撈，也讓海裡的魚愈來愈少，有些海洋生物甚至已經好多年未見。

曾任中央研究院生物多樣性研究中心執行長的魚類專家、在台灣研究魚類和海洋生態四十多年的邵廣昭指出，台灣珊瑚礁海域受到過度捕撈、棲地破壞、

潮境保育區潛點祕密花園有許多稀奇的小生物，張嘉麒曾在此發現身長一公分的蜜蜂蝦(上圖)和國外少見但這兒常見的蜘蛛蟹(下圖)。 （攝影/Marco Chang）

水，能見度甚至都還有十至二十米，但現在能見度有十米就算很好了，也常會看到珊瑚間覆蓋泥沙。

此外，北部海岸沿線聚落幾乎沒有汙水處理系統，生活廢水直接排入大海，細菌滋長外，還有農藥、重金屬和泥沙沉積物，讓珊瑚生態系不健康，加上漁業破壞棲地、颱風重創，都加速北部海域生態衰亡，他長期記錄的海洋生態照片，彷彿是一張張大海的遺照。

北海岸魚種銳減逾七成

戴昌鳳回憶，一九九〇年代台灣經濟快速發展，大家忙著賺錢，沒有人關心環境，當時環境快速衰退，以前在東北

環境汙染等人為因子的破壞，正面臨衰敗的威脅，加上全球暖化，造成海表溫度升高以及海洋酸化等問題，更是讓海洋環境破壞加劇，即使沿岸許多珊瑚覆蓋率高的海域，也少見大型魚種或魚群，宛如「寂靜的珊瑚礁」。

他更進一步說明，透過長期監測資料證實，台灣海洋魚類正在快速減少，邵廣昭研究團隊從一九八七年起，每個月到北部核一、核二廠進水口，從冷卻水撞擊入內的垃圾中，撿拾所有魚類標本，經三十年調查發現，北海岸魚種從三十年多前的一百二十種，銳減至今僅剩約二、三十種，平均每隔十至十五年減少一半，消失速度之快，十分驚人！

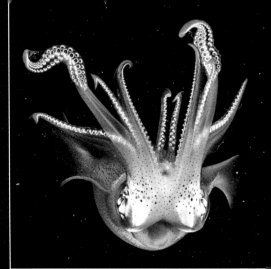

孕育生機的軟絲產房

珊瑚棲地減少，影響軟絲生態，為此，有潛水教練使用竹欉搭建產房，讓軟絲安心產卵(左圖)。軟絲的顏色繽紛透明(上圖)。軟絲捕食魚兒(下圖)。

(攝影/Marco Chang)

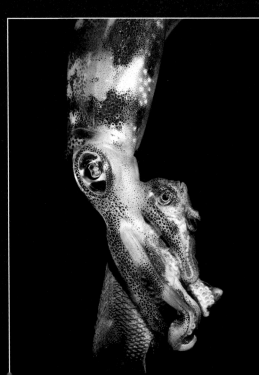

北部海洋的衰亡史，同時也是台灣經濟起飛的歷史。但戴昌鳳並不灰心，他認為，隨著關心海洋的人愈來愈多，若能保護好台灣環境，海洋還是有機會恢復生機，東北角是水中攝影的微距天堂，代表仍富生機與潛力，只要做好保育，就有無窮希望，從小到大的海洋生物都有可能回來定居。

打造軟絲產房、復育珊瑚

珊瑚礁是海洋生物生殖和育幼的棲地，珊瑚減少會影響海洋生物的數量。東北角最明顯的例子是軟絲，因為軟絲會在柳珊瑚上產卵，但現在柳珊瑚愈來愈少，軟絲無處繁衍後代，數量也逐漸減少。因此近年有潛水教練在海中綁竹欉供軟絲媽媽產卵，協助復育軟絲，「軟絲產房」成為東北角海中特殊景點之一。

山海天使環境保育協會秘書長陳映伶則和夥伴在東北角龍洞租了一口九孔池，用來復育成長緩慢的石珊瑚。他們不畏辛苦，穿著潛水重裝備，跳進不到兩米深的九孔池裡，清淤泥、搬石塊、造蛇籠、架鐵網，打造珊瑚寶寶的家。從二〇一五年至今，已看到穩定成效，有部分珊瑚可嘗試移往大海復育繁殖。

陳映伶表示，以當地海域的珊瑚做為復育種類，增加成功機率，也避免引入外來種。而九孔池是半開放式環境，相對少干擾，但有天然海水補充，與大海環境相似，是很好的珊瑚復育基地。

「但海那麼大，我不可能全救得起來！軸孔珊瑚一年長十公分算快，微孔

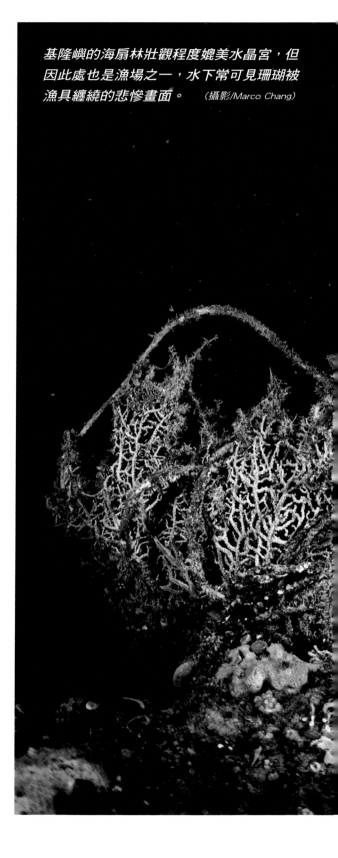

基隆嶼的海扇林壯觀程度媲美水晶宮，但因此處也是漁場之一，水下常可見珊瑚被漁具纏繞的悲慘畫面。　（攝影/Marco Chang）

珊瑚一年甚至只長零點五公分。」她坦言，復育珊瑚的環境教育意義大於實質意義，「但透過環境教育能讓更多人了解海洋與珊瑚的重要性，就值得不計成本去做！」她也持續將珊瑚復育經驗分享給更多人，希望有朝一日能活化台灣廢棄漁港成為珊瑚環境教育樂園。

劃設保育區救海洋

劃設保育區則是另一種保護海洋環境的方法。基隆市望海巷潮境海灣資源保育區二〇一六年五月十二日成立，望海巷海灣其實就是番仔澳灣，保育區位於番仔澳灣內、海洋科技博物館旁，範圍從長潭里漁港北防波堤燈塔，一直到海

市，兩者執法力道大不同。我從新北市這頭岸潛水晶宮一帶，周邊深澳岬海域為新北市瑞芳保育區，禁止使用潛水器材採捕石花菜、九孔、龍蝦、海膽、珊瑚礁魚類等，但往返途中仍可見潛水員拿著剛捕撈的漁獲上岸，或甚至違法炸魚也時有所聞。

若是保育區缺乏有心執法者，海洋生物就沒有一個安心休息的地方。基隆潮境保育區成為全國典範後，未來也將加強與新北市政府合作，共同治理望海巷海灣。

潮境保育區能成功推動，重要功臣是基隆市政府產業發展處海洋及農漁發展科科長蔡馥嚀。她二〇一一年到基隆任

海蘋果是潮境保育區的大明星(上圖)；東北角偶爾可見稀少的龍王鮋，
吸引潛客潛水跳海尋訪(下圖)。

(攝影/Marco Chang)

科館復育公園東北的最外側礁石，連成一條線，往內陸的海域與潮間帶範圍共十五公頃，堪稱台灣「奈米級」的保育區，番仔澳灣總面積兩百五十公頃，潮境保育區面積僅占百分之六。

潮境保育區內不能捕魚、釣魚，甚至連潮間帶的小魚、蝦、蟹和寄居蟹也不能帶走，否則將依漁業法開罰三至十五萬元罰鍰。過去台灣的「紙上」保育區甚多，執法不力，但潮境是全台少數落實執法、真的會開罰單的保育區，三年裁罰二十八件、四十三人次，起到嚇阻效用，違法事件逐年減少。

但一個灣澳兩樣情，番仔澳灣僅三分之一屬於基隆市，三分之二屬於新北

職後，就時常被建議要劃設保育區，花了幾年了解與舖陳，最後從民間由下而上提案，海科館代表學界，與基隆區漁會、基隆市政府和王祥銘潛水教練，一同跟漁民溝通為何需要劃設保育區。

雖然範圍極小，但推動過程仍困難重重，起初漁民一聽到要設保育區，都急得跳腳反對，覺得捕魚權利大受影響，但蔡馥嚀沒被漁民拍桌嗆聲嚇到，反而鍥而不捨的溝通、遊說，「其實漁民很清楚海洋環境變了，我跟他們說，一起試試看，給它(海洋)機會，看是不是有可能恢復生機，而且會每年滾動式檢討管理規範。」身段柔軟的溝通，讓漁民願意讓步一試。

藍環章魚外形美麗，雖然有毒，但不會主動攻擊人(上圖)。僅一公分大的抱卵毛
毛蝦，非常不易發現(下圖)。

(攝影/Marco Chang)

東北角豐富的微距生態

葉魚身形就像片葉子一樣(右圖)。海裡也有神奇寶貝,皮卡丘海蛞蝓是東北角的海洋明星(上圖)。星斑二列鰓海蛞蝓交配中(下圖)。

(右/Marco Chang攝;上、下/Peggy Chiang攝)

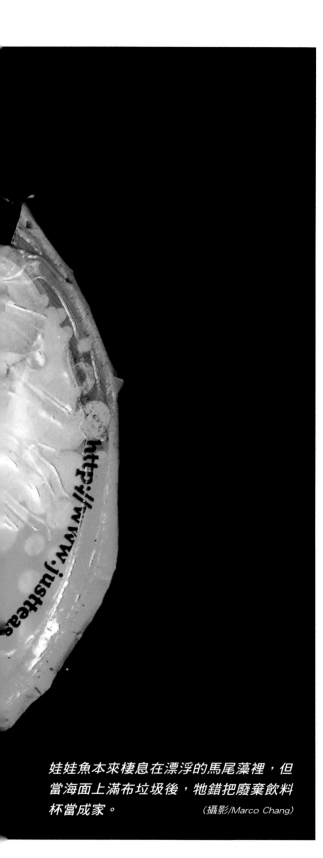

娃娃魚本來棲息在漂浮的馬尾藻裡，但
當海面上滿布垃圾後，牠錯把廢棄飲料
杯當成家。
(攝影/Marco Chang)

她也強調，保育區是「海鮮銀行」的
概念，當保育區魚兒多到一定程度，發
生「滿溢效應」時，溢出保育區的魚就
像海鮮銀行生出的利息，區外漁民仍可
捕捉，漁業資源永續，漁民生計和海洋
生態才能雙贏。

基隆區漁會總幹事陳文欽也在過程中
扮演重要溝通橋梁，他強調：「漁民也
是可以溝通的，時代在進步，漁民的觀
念也要與時俱進，海洋資源若能永續，
漁民才能一直有魚抓。」

刺網退場、實名制

基隆市三海里內禁用多層刺網。在保
育區上路前，就有漁民不信邪，挑戰蔡
馥嚀執法決心。

二○一六年四月三十日星期六凌晨四
點，蔡馥嚀和陳文欽陪我走訪基隆崁仔
頂魚市場，從天黑採訪到天亮才結束，
一夜未眠的她趕往孩子學校參加運動
會，沒想到中午運動會進行到一半，蔡
馥嚀就接到通知，有人在望海巷海灣違
法放多層刺網。

她只能向孩子抱歉，立即趕回加班，
同時通知陳文欽和其他保育區巡守隊
成員，一行人火速搭船出海，從海中拉
起上百公尺的違法刺網，還意外救了隻
保育類綠蠵龜，後送救援治療，並取名
「潮境」，最終助牠野放重回大海。

長潭里老漁民林新永看見蔡馥嚀的
用心，身為基隆市沿近海漁船協會理事
長的他，與當初許多反對的漁民起身力
挺，一同加入守護保育區的行列，希望
重現海洋生機。加上許多潛水志工自發

性淨海，協助清除保育區海中廢棄漁網，讓魚兒有個安心的家。

保育區典範外溢效應

保育區成立後，蔡馥嚀取締非法不手軟、不喊累，一個小女子跟著登上搖晃、充滿魚腥味的漁船巡守、查緝，透過積極的「主動執法」，甚至有次逮到現行犯，查獲正在海上違法作業的刺網漁船，市府依法開罰。

「漁業資源匱乏是事實，落實執法是為漁民好，短期會被罵，但守法漁民其實遠多於違法漁民，不能讓少數害群之馬肆無忌憚地掠奪海洋。」蔡馥嚀坦言，「我站到第一線才深刻感受，有點

船，也禁止在基隆海域作業。

而基隆嶼也是基隆的特殊潛點，張嘉麒指出，許多超過一人高的海扇比水晶宮更密集，甚至超越國外許多潛點。但基隆嶼也是漁場，運氣好能看見滿天魚群，但也常可見海扇上掛著漁網漁具，破壞海中生態。為此，基隆沿岸和所屬島嶼包括基隆嶼和北方三島，周邊五百公尺也禁止使用單層刺網，企盼留給海洋生物一條活路。

非常愛海的漁民林新永之後更組織漁民成立環保艦隊，八十多艘漁船自發性協助清除海洋廢棄物，環保艦隊也協助基隆市政府辦的基隆嶼大型淨灘活動，擔任志工清運團隊，讓漁船上滿載的不

基隆嶼因碼頭損壞封島近三年，二〇一八年五月十二日，基隆市政府開放基隆嶼登島，號召六百位志工上島淨灘，清出一點五噸垃圾(上圖)；多艘基隆漁船組成環保艦隊，自發性協助清運垃圾(下圖)。 (攝影/顏松柏)

像打開潘朵拉的盒子，只要看到海中有非法漁網就主動收起，不希望它多危害海洋一天。」但她也很苦惱，非法網具若無法證實是誰所有，就不能開罰，因此採納志工建議，參考國外網具實名制作法。

蔡馥嚀推動責任制漁業，從執法保護潮境保育區，擴大為守護基隆近岸天然魚礁區，針對刺網漁船進行源頭管理，限制刺網漁船不能轉籍到基隆市，避免刺網船再增加，並領先全國首推刺網實名制，否則網具不能攜帶出港作業，同時輔導刺網漁船退場轉型，超過八成退場，且外縣市籍未標示漁具的刺網漁

是漁獲，而是垃圾，為守護環境盡一分心力。

蔡馥嚀回想：「那時候真不懂得怕，頭洗下去就一直走下去了，被罵就被罵，臉皮厚一點，但可以讓海洋生態更好，未來因為我們而改變，去堅持而留下一個好一點的海洋環境給後代子孫。」雖然奈米級保育區魚兒滿溢效應有限，但政策的外溢效應也讓蔡馥嚀很有成就感！

「潮境是個model(典範)，建立產、官、學共同管理模式。」蔡馥嚀花了很多時間討論怎麼立法、訂法，「我知道別的公部門要訂很難，也不一定像我一

樣有長官和漁會、民間團體的支持，我不希望別人也要花這麼多力氣從頭摸索，當沒有案例時，大家都會覺得很困難，但看到有案例、法令，其他縣市就可以陸續跟進。」她坦言：「事情成不成，政府的態度，很重要。」

幾年過去，潮境保育區生態的確日漸恢復，珊瑚覆蓋率算是東北角海洋環境較佳的海域。

蔡馥嚀欣慰的說：「石斑魚的數量變多、變大，海膽也變多了，以前沒劃保育區時，牠們會被採走、抓走，就連海龜出現的頻率也變多了。如果當初沒有保下番仔澳灣，阻擋深澳電廠蓋卸煤碼頭，現在什麼生態都毀了。」甚至還發現台灣首見的軟體動物門腹溝綱生物「龍女簪」，令人驚喜。

但隨著潮境保育區生態變好，遊客的人數也日益增加，從未劃設保育區時，海域僅數千人前往遊憩，現在每年至少三萬人次在此潛水、浮潛、從事水域活動，遊憩人數還在逐年增加中，不時發生海扇或珊瑚被潛水員踢斷事件。

蔡馥嚀指出：「現在保育區生物要擔心的，不是『採捕』，而是『踩死』。」為了避免人潮過度干擾環境生態，將會逐步推動遊客分區分流管理和規畫總量管制等措施，盼為保育、觀光與漁業三者取得平衡，讓生態得以永續發展。◆

更深入精闢的訪談，就在《經典.TV》

龜山島除了海底火山，淺海近岸還有片廣大、綠油油的萼柱珊瑚，彷彿海中綠地毯，蘊藏豐富生機。

(攝影/Peggy Chiang)

墾丁海域
保育戰

恆春船帆石水下洞穴魚苗點點

海洋資源豐富，生機盎然

旅遊業者苦求觀光復甦

但除了水上遊樂活動

墾丁多樣的珊瑚礁和海洋生物

更是台灣珍貴的寶藏

（攝影/Allen Lee）

為了前往墾丁傳說中的高級潛點「七星岩」看鮪魚、鯊魚，我在墾丁等待了快半個月。三月初的墾丁，依舊晴空萬里，天氣炎熱，難得氣象、浪況都好，駐艦藍海灣潛水度假村趕緊通知我：終於能出船了！船上擠滿資深水肺潛水員、技術潛水教練，還有曾一口氣潛到百米深的自由潛水教練古雲傑，都是七星岩的朝聖者。

我們從後壁湖出港，約往南航行一小時，在台灣領海十二海里處(約二十二公里)，灑落著一串七顆礁石，綿延一公里多，有些礁頂露出水面，有些則隱沒在海裡，若是不熟悉地形，船隻很容易擱淺，也因此七星岩海底沉睡著第二次世界大戰時期擱淺沉沒的商船。

潛店老闆余俊賢也是當天船長，海軍出身的他，經驗豐富，已在墾丁潛水超過二十年，教練群熟練地在七星岩海中綁好繫錨點，方便船隻停泊定位，當潛客在水面遭遇強流時，仍能一個接著一個攀繩下潛，確保安全。

七星岩魚群轟炸

才剛跳進海裡，我已感受到海流強勁往我身上襲來，面鏡還差點從臉上飛走。調整呼吸，安撫自己因強流而心跳加速的緊張感受，雙手並用拉著繩子緩慢下潛，往水下一看，心跳更快！一大群剝皮魚跟我一樣在頂流游泳，讓人又驚又喜。

下到海底二十公尺處，尋找沒有被珊瑚覆著的岩塊，彷彿徒手攀岩，頂著強流，在海底「爬行」，跟著潛水導遊、

余俊賢的兒子余致誼鑽繞在礁岩間閃流。終於，避開頂流區，展開愉悅的放流體驗：只要放鬆自己，保持著良好的中性浮力，輕飄飄地隨著海流移動。關刀魚群、烏尾鮗群以及牛港鰺不時出沒在身旁，讓人目不暇給，更令人驚喜的是，還有一公尺以上的鮪魚突然出現。

我們使用氣瓶水肺潛水最多僅能到水下三十多公尺，但古雲傑靠著一口氣的自由潛水和水中推進器，輕鬆在七星岩海底五十多公尺處探索，滿滿大魚群，還有白鰭礁鯊，令他十分震撼，是他潛遍台灣各地少見的水下風景。余致誼更炫燿地說，還曾在七星岩海域看過槌頭鯊和長尾鯊。

七星岩不僅魚群多，在潛水過程中，還可能遭遇惡名昭彰的洗衣機流、上升流、下降流，危險性較高，因此經驗豐富的潛水員才適合前往。但我真是愛極了洗衣機流，海流彷彿把人捲進洗衣機般，在海中上上下下、時而轉個圈圈，好像搭乘海中雲霄飛車，非常刺激！

余俊賢指出，七星岩每年僅三至六月適合前往，因為冬天東北季風太強，夏天則有颱風，但春天若是天氣不好、風浪太大，也無法前往，因此每年雖然訂船的人多，但一整年實際能出船潛七星岩大約只有五趟，機會非常難得。

他說，七星岩是潛點也是漁場、釣點，冬天東北季風起時，風浪之大，連漁民的船也無法來此，因此每年冬天這片海域得以休生養息。余俊賢二十多年來潛遍了墾丁，他表示：「七星岩是我在墾丁最愛的潛點，因為每次潛水都不

大批的烏尾鮗魚群從潛水員眼前游過。七星岩是墾丁高級潛點，魚群眾多，還有鮪魚、鯊等出沒，但受限天氣和水況，每年能前往的機會極少。

（攝影/蔡永春）

知會遇到什麼特殊生物，充滿驚喜！」

墾丁珊瑚本島最佳

「陽光、沙灘、比基尼」是一般遊客對墾丁的印象，其實墾丁並不只如此，墾丁國家公園位在台灣最南端的恆春半島，陸地範圍約一萬八千零八十四公頃，海域一萬五千二百零六公頃，共計三萬三千二百九十公頃，東面太平洋，西臨台灣海峽，南瀕巴士海峽，熱帶性海洋氣候，造就墾丁全年天氣宜人，加上海域有黑潮流經，水溫終年在二十二至三十度間，全年皆可潛水，雖然冬季有強勁落山風，但不影響潛水活動，不同時節有不同閃風、避浪的潛點。

墾丁位於本島，交通較離島便利，且生物多性樣高，因此墾丁潛水活動是台灣最多元的海域，各種潛水形式在墾丁都有專門店，包括一般休閒潛水的水肺潛水，或是不使用氣瓶裝備、憑藉著一口氣下潛的自由潛水，以及更高難度且專業的技術潛水都有，甚至連針對一般遊客的美人魚課程，也在墾丁熱銷，是台灣潛水產業最完整且發達的區域。

墾丁也是台灣本島珊瑚礁生態最豐富的海域，珊瑚是海洋生態系主角，提供許多魚、蝦、蟹、貝類等水中生物重要的棲息地，台灣大學海洋研究所教授戴昌鳳指出，墾丁已發現的造礁珊瑚種類超過三百種，占全球珊瑚種類近三成，還有多種色彩繽紛的軟珊瑚，以及上千種魚類，達世界總數的二十分之一，顯見墾丁豐富的海洋資源。

戴昌鳳說，墾丁是台灣本島欣賞珊瑚

每到春天，船帆石海域就長滿茂密的馬尾藻。 (攝影/Allen Lee)

礁生態系的最佳海域，曾有澳洲大堡礁的研究學者Carden Wallace到墾丁，一下水驚為天人：「在大堡礁可能得花一週的時間、潛很多點，才能看到這麼多種類的珊瑚，但在墾丁一次下水就能全部看到，非常難得！」而每年農曆三月二十三日媽祖誕辰前一週，通常是墾丁珊瑚產卵的高峰期，各色珊瑚卵大量飄散在夜晚海中，彷彿海中飄雪。

墾丁還有個「魚類伊甸園」！在一般人無法潛入的屏東恆春核三廠「進水口」海域，因管制嚴格，僅允許學術研究調查，在沒有人為捕撈和遊憩活動的干擾與破壞下，進水口數十年來已逐漸發展成一處繁茂的珊瑚礁生態系，孕育

四百萬人次，短短僅六年間，旅遊人次翻倍成長，在二〇一四年到達巔峰，一年湧進八百三十多萬人次，二〇一五年也還有八百萬人次，旅遊業者接客賺錢笑呵呵，民宿一間一間地蓋。

但爆量的遊客也帶來旅遊亂象，影響居民生活品質，在墾丁推廣生態旅遊超過十年的里山生態公司負責人林志遠就說，每年春天音樂季期間，他會備好食物，「躲在家裡工作」，避免出門跟遊客人擠人。陸客來台不會騎電動車，但還是租得到，也常造成交通亂象和危險，他就曾開車在內線道，一旁遊客「突然」從外線同側轉對向車道，嚇得他措手不及，幸好未釀成災，但這樣的

這一顆顆的小圓球，就是珊瑚的卵，珊瑚產卵有「夏之雪」之稱(上圖)；天鵝海蛞蝓外型特殊，體態十分嬌小(下圖)。　(上/Marco Chang攝；下/Penny Lian攝)

四百種以上不同魚類，學者邵廣昭認為，它仍維持台灣海洋二十年前生態豐富的模樣。

守護海洋永續觀光

墾丁國家公園於一九八四年成立，是台灣第一個規畫涵蓋海域的國家公園，也是轄內擁有最多居民與遊客的國家公園。從一九九五年「春吶」活動開辦以來，春季都吸引爆量遊客，加上全年氣候溫暖，風景秀麗，適合旅遊避冬，過去一直是國人觀光旅遊勝地。

二〇〇八年兩岸關係友好，開放大陸遊客來台旅遊，根據墾丁國家公園管理處的旅遊人次統計，從二〇〇八年一年

交通事件在墾丁層出不窮，也曾有陸客因此傷亡。

好景不常，二〇一六年起，因兩岸政治因素，陸客赴台旅遊人次減少，加上廉航崛起，台灣旅客瘋遊國外，內憂外患的綜合因素下，僅相隔一年，墾丁旅遊人次就爆跌至五百八十多萬，二〇一八年更僅剩下三百五十多萬人次，遊客量比十年前還少，許多民宿與旅遊業投資客被套牢，業者叫苦連天，淡季更出現一房兩人六百元含早餐的超低價，連當地人自己都看不下去。

但還是有認真並及早因應陸客退燒的業者，在墾丁經營潛水業逾十年的台灣潛水老闆陳琦恩指出，他從二〇一二年

鮮豔繽紛的海蛞蝓

海蛞蝓是一群多樣、美麗而神祕的海洋生物，分布範圍包含世界各大洋，從熱帶赤道海域到南、北極地都有海蛞蝓蹤跡。目前全世界已知超過三千種海蛞蝓，但有更多種類的海蛞蝓並未被鑑種命名。墾丁也有許多稀有的海蛞蝓，像是純潔真鰓海蛞蝓七彩的樣子十分少見(左上)；柱狀科海蛞蝓造型彷彿小羊，因此俗稱綿羊海蛞蝓(左下)；馬場菊太郎美葉海蛞蝓背上一顆一顆像荔枝的果實，因此也被戲稱為荔枝海蛞蝓(右上)；塞絲美葉海蛞蝓的顏色也非常繽紛(右下)。

(攝影/Allen Lee)

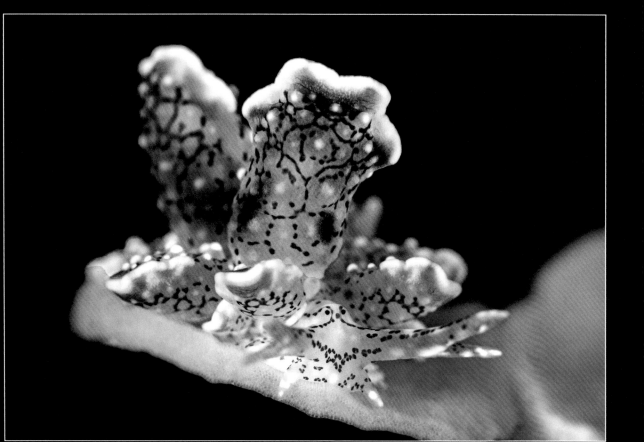

開始經營陸客市場，陸客曾占營業額大宗，為因應局勢開發新市場，潛水團隊得有人能英語授課與服務，增加英語系國家潛客客源。

二〇一九年更與漣漪人基金會合作，邀請國際潛水作家Simon Pridmore來台潛水，結合水中攝影師的影像記錄，並與台灣其他離島潛店合作行銷台灣海洋之美，Simon也撰寫英文書《*Dive Into Taiwan*》，讓更多國際潛水客有機會了解台灣的潛水環境。

陳琦恩也跳脫一般潛店經營思維，打造台灣潛水守護海洋的品牌形象，將台灣潛水獲利的百分之二十投入海洋環保相關活動，並在潛水授課期間，提供環保杯和便當盒供學生從日常中體驗「減塑生活」，他感慨地說：「我很喜歡潛水，但可能十年後，我小孩看到的將是一片充滿垃圾的海洋，屆時花再多錢也買不回海裡的美景，所以減塑再麻煩還是得做，才能永續經營，如果海洋生態消失了，休閒潛水產業也不用混了。」

我也曾在墾丁海域岸潛遇到非法放置的漁網，危險又破壞海中生態，時任墾管處長的劉培東指出，可通知墾管處，會前往收網取締。墾丁國家公園成立超過三十年，海洋生態每下愈況，也在墾丁潛水超過三十年的蔡永春教練說，「以前魚很多，但現在都吃光了。」所以他開的餐廳不賣珊瑚礁魚類。

生態旅遊逆勢成長

同樣守護恆春半島環境的還有里山生態公司，林志遠在學生時代，就跟著屏東科技大學森林系教授陳美惠深入墾丁，蹲點社區推動生態旅遊，期盼促進社區居民與環境和諧共生。

二〇一二年，林志遠和研究所同學在墾丁成立里山生態公司，他們一群外地來的社會新鮮人，把初出社會最寶貴的幾年青春，都奉獻給協助保育墾丁環境與弱勢的社區長輩，當其他人大賺觀光財時，他們傻呼呼地跑進社區，蹲點盤點生態資源，並且教長輩導覽解說、使用智慧型手機與電腦，幫助他們與時代接軌。

來自台中的林志遠說：「所有人都跟我們說：『你要做民宿才會賺錢啦！』但我完全不想做，我不喜歡土地被拿去蓋民宿。這些年墾丁大眾旅遊觀光的暴起暴落，也逼著很多人去反省反思，以前不關心環境的人，現在也會學著關心環境了，許多人都在思考如何翻轉墾丁的負面形象，讓它重新獲得眾人喜愛。」他笑說，自己雖然住在恆春，但十年逛不到五次墾丁大街，在墾丁大街之外，還是有許多經濟實惠的美食與值得遊玩的景點。

「推動生態旅遊這份工作百分九十九是自虐，錢少、事多、離家遠，還常遭受誤解或謾罵。」但為了理想，他與團隊夥伴紮實耕耘，近年除了發展社區生態旅遊，更積極結合地方文化與在地職人，與不同團隊舉辦市集活動、半島歌謠祭等，廣受好評，讓人看見「愈在地、愈國際」的生命力，就連許多恆春居民也很感動。

里山團隊在墾丁恆春半島推動生態

墾丁有許多特殊的美麗水下風景，像是在核三廠出水口右側就有梭魚群，吸引海內外潛水員前來。

(攝影/Allen Lee)

旅遊超過十年，從早期沒有社區居民想跟他們合作，到現在許多社區排隊搶著想「被輔導」，他們從陸地做到海洋，包山包海管很大，落實地方創生，為恆春半島深耕永續發展找到出路。二〇一六年後，在墾丁大環境多年走低，但社區生態旅遊與環境教育卻能「穩定成長」，二〇一九年旅遊人次突破十萬，創造產值約三千萬。

「恆春半島最珍貴的是國家公園保留了生態、環境與文化，這是墾丁最大的資產，也是未來可以永續發展的關鍵。」迷戀墾丁自然風景的林志遠特別指出，恆春半島是生物多樣性很高的地區，二十分鐘就能上山下海，各種不同棲地的物種棲息在一起，非常難得，「恆春半島能有超過十個社區發展生態旅遊，而且每個社區各有不同特色，如果不是墾丁國家公園生態如此精彩，哪有辦法做到！」

但比起墾丁人潮、錢潮皆瘋狂的大眾觀光，小眾且考量環境承載量的社區生態旅遊與環境教育，僅占不到墾丁國家公園旅遊人次的百分之三。曾被質疑花了這麼多年，卻仍如此小眾，到底對墾丁有什麼助益？林志遠回答：「這是實踐里山理念，人與環境共生息的夢想，透過生態旅遊的方式，轉化人們利用環境的方法與思維，盡量維持地方原貌與生態，以達到『保育』的目的。」像是協助原本滿州里德社區獵捕老鷹的獵人，轉型為社區守護老鷹的解說員，未來也將持續協助社區生態旅遊法制化。

墾丁的特色不是墾丁大街，而是用錢買不到的好山好水好風光，交通便利、生態豐富是墾丁最大的優勢，即使可能連台灣人自己都不想到墾丁旅遊了，但還是有外國潛水客「一來再來」，新加坡國際級水中攝影師William Tan曾擔任多項國際水中攝影比賽評審，近年常到墾丁潛水，幾乎每季都會來墾丁，甚至有年過年還在台灣待了三個星期，下水拍攝獨特生物，上岸品嘗在地美食。

墾丁海洋生態多元

William Tan驚豔地說：「台灣生態豐富，很多生物是國外沒有或是不常見的，像是海神海蛞蝓或海天使等生物，只要看過一次就會重遊，許多香港攝影師也已多次來墾丁潛水，台灣絕對不會比外國差。」他熱衷「黑水」(Blackwater)方式拍攝，在茫茫的大海中，拍攝飄浮的浮游生物，無法擺拍、無法預測下一秒眼前會出現什麼生物，挑戰性極高，即使每次潛水潛到吐，他依然樂此不疲。

台灣水中攝影師李明忠(Allen Lee)在墾丁潛水逾二十年，他推薦「合界」是黑水攝影絕佳潛點，即使在水深七米處，就有機會看見稀有生物，如：龍蝦、獅子魚和燕魚等生物幼苗，及二〇一八年新發表的日本小豬豆丁海馬等。水深二十多米的沙地，是潛水員尋寶區，有許多特殊的海蛞蝓和蝦虎魚。此潛點更曾被目擊在台灣海域難得一見的鯨鯊、鬼蝠魟，大小生物都令人驚奇！

William Tan也提醒，墾丁岸潛遊客多，可在浮潛、潛水員經常出入水的海

墾丁潛點豔光礁水下十五米處，葉魚覓食大群玻璃魚。　　　（攝影/Marco Chang）

域建置步道，保護潮間帶生態，避免大範圍過度踩踏，也能提高遊憩安全。墾丁國家公園管理處回應，已規畫於後壁湖潮間帶建步道，但因墾丁地處偏遠，發包多次都流標。

墾管處夜潛管理惹議

二〇一八年訪談墾丁許多潛水業者，普遍對墾管處的海洋遊憩管理態度感到失望，當時《墾丁國家公園海域遊憩活動管理方案》是二〇一一年修定版，我仔細一看赫然發現：「只要在墾丁國家公園從事『夜間潛水』，卻未向墾管處申請核可，民眾或遊客就違法了！」

但詢問時任墾管處長的劉培東該怎麼申請？他也答不出明確方式，遊憩課則告知，需在七日前，將寫好人、事、時、地、物的文件送到墾管處服務台，方能協助送公文申請，但以學術與生態調查較易核可，幾乎與禁止夜潛無異。民眾質疑，在網路如此便利的時代，墾管處還必須以飛鴿傳書、龜速的方式申請核可，網站建而無用，就連要申請核可也找不到專責窗口，導致求助無門。

再問劉培東為何白天開放潛水，夜潛卻需特別申請？他指出：「因為夜潛有安全的顧慮，而且夜間會有人違法打魚，所以才必須申請。」墾丁國家公園範圍大、人力不足，夜間巡邏難度高是事實，但因為無法有效取締違法打魚，就全面禁止夜潛，墾管處對於海洋遊憩管理的想像，其實只是台灣數十年來對於海洋管理的縮影，台灣戒嚴時期禁止人民靠近海邊，至今已解嚴超過三十

年，台灣政府對於海洋的管理，大多是哪裡危險，就禁止哪裡，省得管理，未曾思考如何「有效管理」，以及教育人民應有自負風險的思維。

潛水多年、潛遍世界各國的William Tan也指出，墾管處以「安全」為由，訂定夜潛核可制非常奇怪，因為潛水員是否具備「夜潛」資格，在考進階潛水員證照時，就會有夜潛考核，而且程度不佳的潛水員，潛店也不會貿然帶客夜潛。他曾去過許多國家公園夜潛，若需要特別申請，大多是保護區或是管制區，但從沒遇過像墾丁這樣，白天開放、夜間以安全為由的管制規範。

我多年來跟台灣觀光局與國家公園互動，同時受邀採訪各國潛水旅遊推廣活動，有很深的感慨，不禁想問政府：「台灣在海洋遊憩管理或行銷上，不斷強調『安全』，但哪家業者不是想安全帶客來回，快快樂樂賺平安錢？」政府除了向民眾宣導安全意識，也應了解第一線實情，制定合宜的管理辦法，並且落實執法，制定規範才有意義。

劉培東坦言：「以前台灣的總體政治就是這樣，它根本不去看海。所以我想要從生態旅遊導入，希望以永續發展的概念，讓地方可以好好利用海洋資源。」他不斷強調，國家公園做任何事都是基於「保育」的前提。

二〇一九年十月，行政院長蘇貞昌喊出「向山致敬」，宣布國家山林解禁政策，並修國家賠償法，解放媽寶社會。並接續推動「向海致敬」，他表示，台灣是海洋國家，若善用海洋，國家就加

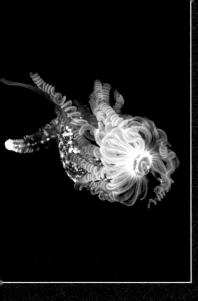

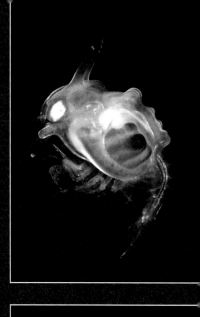

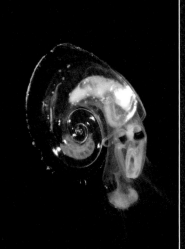

奇特的海洋生物

這些看似外星生物，都是新加坡水中攝影師William Tan於墾丁潛水拍攝，大多是小於一公分的生物幼體：蟄龍介蟲幼體(左上)、裂蟲的抱卵母蟲(上圖)、深海蝦苗(右上)、培隆海蝶螺(左圖)、半彎靈戎(右圖)、蝦蛄幼體(左下)、章魚幼體(下圖)、可能為深海安康魚的幼體(右下)，許多生物連科學家也未必見過。　(攝影/William Tan)

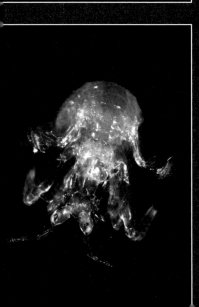

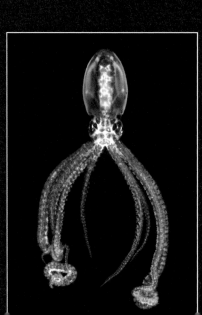

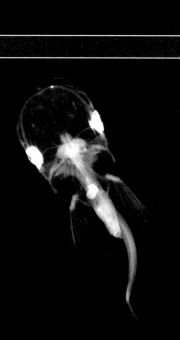

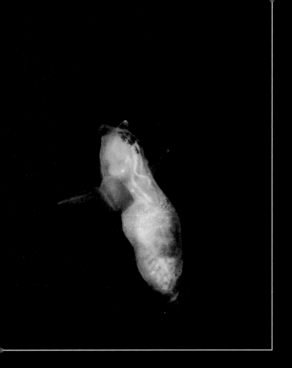
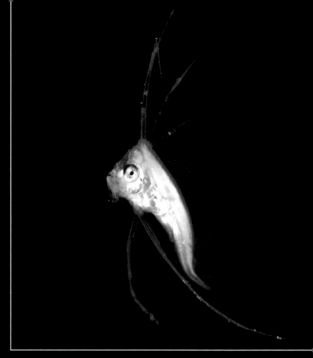

奇幻的黑水攝影

黑水(Blackwater)攝影拍攝的大多是浮游生物，利用生物的趨光性，每次會拍到什麼物種都不知道，墾丁有許多奇妙的海洋生物，像是非常少見的「海天使」海蛞蝓(左上)；以及約一公分大小，俗稱「地震魚」的皇帶魚幼魚(右上)；奇特的娃娃魚幼魚(下圖)就連魚類研究專家也沒見過。　　(左上/Penny Lian攝；右上/Willam Tan攝；下/Allen Lee攝)

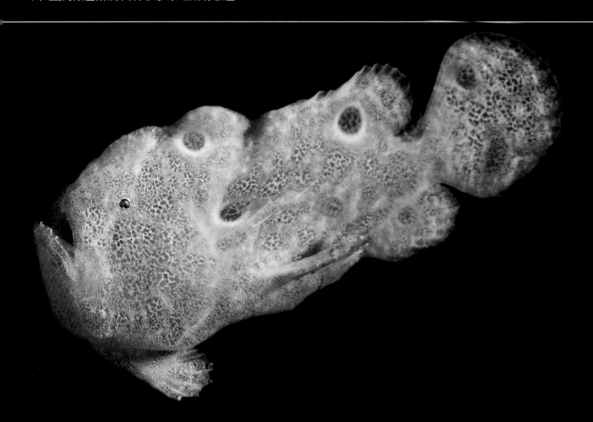

海洋世界真奇妙

圓翅燕魚的幼魚有美麗的橘邊，和成魚
的體色完全不同(右圖)。花鱸屬於石斑魚
科，牠們的仔魚有著絢麗的色彩以及相當
長的背鰭棘，非常特殊(左下)。

（右／Allen Lee 攝；左下／William Tan 攝）

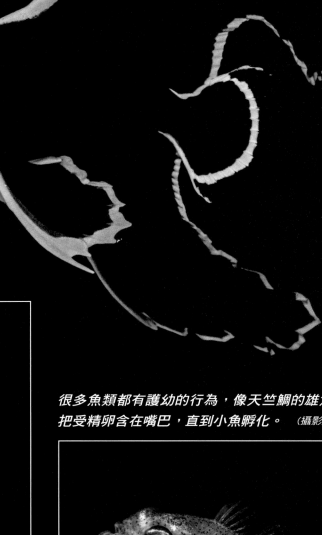

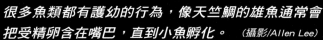

很多魚類都有護幼的行為，像天竺鯛的雄魚通常會
把受精卵含在嘴巴，直到小魚孵化。 （攝影／Allen Lee）

倍大，若不懂海，則將被海所限制。但海洋事務相對繁雜，需審慎整合。

二○二○年墾管處修訂《墾丁國家公園海域遊憩活動管理方案》，首度開放夜潛至晚上十點，但僅限核三廠出水口、香蕉灣、萬里桐和後壁湖航道西側等四處距岸一百公尺範圍內，另開放遊艇和帆船夜航至十點，十點後夜潛、夜航仍需事先申請，並開放自由潛水和無動力的獨木舟、SUP(立式划槳)。

媒體以「雪崩」形容墾丁沒了陸客後的觀光慘況，但林志遠認為：「雪崩後，只是露出原來樣貌。」墾丁國家公園為台灣國境之南守住一片淨土，但隨著國際知名度提升，早已無法避免必須面對如何有效管理觀光遊憩行為，如何在國家公園以保育為前提的基礎下，制定合乎時宜的法規，而不是抱著「保育」的神主牌，隱世在山林裡，與時代脫軌。

墾丁國家公園是台灣第一個涵蓋海域的國家公園，許多海域遊憩管理辦法常被其他公部門參考，然而，墾管處對海洋陌生的態度，就像是台灣政府自解嚴以來對海的態度一樣，自訂海禁政策的歷程，值得台灣各地引以為鑑。企盼「向海致敬」的台灣，真能看見自身擁有珍貴美好的海洋生態環境，人民願意親海、知海、愛海，台灣的環境才有可能愈來愈好。　　　　　　◆

更深入精闢的訪談，就在《經典.TV》

廢棄的船隻也可以變成海洋生物的家。這是墾丁合界沙地上的沉船，雖然只剩下排骨般的骨架，但卻暗藏豐富生態，許多胡椒鯛悠游其中。　(攝影/Allen Lee)

小琉球
與龜優游

海龜島
生態習題

小琉球是台灣最容易看到海龜的海洋天堂
得天獨厚的親海環境吸引眾多遊客前來
讓它從漁村搖身變為全台最夯的觀光小島
但爆量的觀光人潮也種下環境生態隱憂
青年回鄉創業並號召鄉親齊心環保減塑
還需政府做好遊憩管理共同捍衛海龜家園

（攝影/蘇淮）

小琉球是全台海龜密集度最高的地方，曾記錄過
上百隻綠蠵龜，不時可見海龜在清潔站磨背。
（攝影/蘇淮）

二〇一二年我第一次到小琉球浮潛，海洋志工隊長李重震帶我一次看到六隻海龜，震撼我的視野。隨著長年往返採訪，二〇一八年冬天，我終於從台北搬到小琉球，成為離島居民，從不敢在大海裡游泳的都會女子，變成學習帶客的潛水長，體驗住海邊的生活：「大海是我的辦公室，海龜是我的同事！」

跟著島人海洋文化工作室的「海龜痴漢」蘇淮潛水，認識他的海龜朋友們，有隻名叫「R36192」，她專程游三千多公里，從太平洋烏利西環礁(Ulithi Atoll)來小琉球吃飯，是隻成熟母龜，龜甲約一米長，左前肢底下有個金屬標籤，曾

游近時動作也要放慢，動作越少越好，最好少到像一隻龜一樣在放空，讓海龜覺得：「你也是一隻海龜啊！」才有機會接近牠。每隻海龜也跟人一樣有不同個性，有的龜害羞，有的龜大喇喇地，像我就曾觀察過「吃貨姐」吃海藻大餐，她忙著吃，完全不理我。

近年小琉球熱門潛點的海龜也許是熟悉了潛客的來往，所以有愈來愈多海龜不怕人，甚至還有海龜會主動接近人，潛點龍蝦洞以前有隻「小秋」，因為愛吃秋刀魚而得名，二〇一九年小秋不見，卻來了「傑尼龜」接班，牠們都經常會瘋狂衝向潛水員，但摸龜、抓龜或騷擾驚嚇海龜，在台灣都是違法的，潛

海龜「吃貨姊」正在大快朵頤吃海藻(上圖)；「R36192」左前肢有金屬標籤，是遠從三千公里外的烏利西環礁來到小琉球的海龜(下圖)。 (攝影/蘇淮)

兩度被記錄回到烏利西環礁產卵，再遠度重洋回到小琉球覓食，但她如何準確往返三千多公里？謎樣龜生令人稱奇。

也因為蘇淮的經驗分享，我才知道原來看海龜真的不用追，追牠只會更快游走！蘇淮提出賞龜5S：Stop(停)、See(看)、Slow(慢)、Slow(慢)、Slow(慢)，意指看到海龜不要太興奮，第一個動作是停下來，觀察海龜的行為和周遭環境，因為每隻海龜的舒適圈不同，如果還沒靠近，牠就做勢要游走，那就後退一點，給牠一點空間，讓牠慢慢熟悉有人在周圍。

過程中還要放慢呼吸，因為水肺潛水會吐出氣泡，有時也會嚇到海洋生物；

客怕摸到海龜被罰三十萬，會乖乖閃躲自保。

小琉球綠蠵龜樂園

海龜是海洋爬蟲類，跟人類一樣用肺呼吸，如果沒有及時浮出水面換氣，也會窒息溺死在海裡。全世界有七種海龜：綠蠵龜、赤蠵龜、欖蠵龜、玳瑁、革龜、肯氏龜、平背龜，在台灣曾記錄過前五種，全都是保育類，小琉球的海龜以綠蠵龜居多，偶爾可見玳瑁。

小琉球海龜可分為「覓食」和「產卵」兩種不同族群，海龜有成熟後會回到出生地產卵的特性，在小琉球潛水看到的大多是以此為覓食棲地或遷移暫居

台灣的海龜，如：R36192，牠們的出生地並不在小琉球。而在台灣繁殖產卵的海龜族群，則會在產卵季結束後，回到覓食棲息地。

據統計，小琉球居住著上百隻綠蠵龜，是全台灣海龜最密集的地方，堪稱「綠蠵龜樂園」，在小琉球浮潛、潛水很容易就能看到海龜，甚至站在岸邊就能觀察海龜吃飯、換氣，有人笑說：「在小琉球看不到海龜比看到更難！」但可別以為龜就是行動遲緩，海龜泳技過人，四肢已演化成適合在海中游泳的鰭狀肢，輕輕一揮，人類游泳的速度根本追不上。

小琉球面積僅六點八平方公里，是台灣少數的珊瑚礁島，與綠島、蘭嶼、澎湖因火山噴發形成的島嶼地質不同。小琉球也是台灣少數較不受東北季風影響的離島，四季皆可旅遊，從屏東東港搭船不用半小時就能抵達，但夏季遊客太多，旅遊品質不佳，又多颱風，大雨夾帶泥沙常讓海洋能見度不好；春、秋、冬季氣候怡人，水溫依然適合從事水域遊憩活動，且海中能見度較好，輕易就能看到許多海龜。

海龜多元成家？！

蘇淮和夥伴陳芃諭二〇一五年成立島人海洋文化工作室，蘇淮也在那年移居小琉球帶潛水，逐漸引發他對海龜的興趣。島人經常在臉書粉絲頁分享海龜故事，不經意打造出多隻海龜明星：大古、刀疤、藤壺姐……等。

大古是隻超萌的海龜！清除龜殼上的藻類時，他會將龜殼塞在珊瑚下，接著左右搖擺磨蹭，有時磨到忘我，瞇著眼睛享受的模樣，非常可愛，還有許多潛客會專程來小琉球找大古，因海龜多有鍾愛的海中龜島棲地，所以不難發現。但二〇一六年莫蘭蒂強颱破壞棲地後，大古就不知去向，僅偶爾巧遇發現。

愛龜成痴的蘇淮長期觀察記錄小琉球海龜生態，卻一直無緣親眼見證海龜交配，於是有天夏日，他展開跟蹤成熟公海龜的五日祕密行動，地點選在被潛客目擊到較多次海龜交配的花瓶岩附近海域，以浮潛和自由潛水的方式觀察海龜，每天花數個鐘頭泡在海裡，不背氣瓶潛水，移動更靈活。

雖然母海龜產卵與交配的地點相距不遠，大概都會在附近海域，但要正好在海中直擊發情海龜像牛郎織女般在出生地交配可不容易，蘇淮嘗試跟蹤幾隻長尾巴的成熟公龜，但牠們似乎都「性」趣缺缺。

終於，他發現有隻趴在海中礁石上休息的公龜有動靜，游上水面換氣後，他再度潛泳，繞著圈子，好像在尋找什麼似的，絲毫不理會後方蘇淮尾隨。在尋尋覓覓半小時後，公海龜似乎發現一隻中意的海龜，公龜先浮上水面換了口氣，然後就直接往對方游去，霸王硬上

成熟公綠蠵龜霸王硬上弓似地直接趴在另隻龜身上，緊緊抓住不給逃，企圖交配。事後發現，兩隻都是公龜。

弓地趴到另隻龜背上企圖交配，只見對方不斷掙扎，糾纏了好一會兒……。

蘇淮上岸後反覆仔細檢視海龜愛情動作片，卻有意外驚喜：「另一隻龜尾巴和後腳夾很緊，看起來應該沒有交配成功。而且……其實兩隻都是公龜耶！」大家開玩笑說，海龜也要多元成家。

海龜點點名臉部辨識

二〇一七年島人和喜愛研究海龜的馮加伶、何芷蔚發起「海龜點點名」臉書社團，推動公民科學家活動，邀請民眾拍攝海龜的左右臉照片上傳，為海龜建立戶口名簿，因為每隻海龜臉部鱗片形狀、排列方式、數量、和左右側臉都不

隻海龜，所以棲息在小琉球周邊海域的海龜總數應該非常驚人。

為什麼小琉球的海龜會這麼多呢？目前並沒有一個正確答案，也許是綜合因素，但專家們的說法不外乎小琉球海域有許多海藻、食物豐富，所以吸引許多覓食的海龜棲息。當地人也說，小琉球居民並不會吃海龜，僅早年物資缺乏、海龜也還未列入保育類時，島民曾挖龜蛋為食，補充蛋白質養分，但現在交通便利，島上人人有飯吃，早已不再食用龜蛋。

加上二〇一三年屏東縣政府公告「琉球鄉距岸三海里內海域禁止使用各類刺網作業」，沿岸禁網，以及海洋志工

看到海龜溺死於廢棄漁網，小琉球居民李重震成立海洋志工隊淨海(上圖)；疑似遭螺旋槳打傷的海龜「小破洞」幸運傷癒(下圖)。　　*(上/李重震攝；下/蘇淮攝)*

相同，就像人的指紋一樣，可透過臉部鱗片影像辨識(Photo ID)不同海龜，新記錄的海龜還有機會為牠命名。

海龜點點名社團中許多照片都是由海龜痴漢蘇淮「人眼」辨識，所以蘇淮經常在海中一眼就能認出是哪隻龜，目前海龜點點名曾記錄過的小琉球海龜已超過兩百隻，近期加入程式輔助辨識。

但小琉球周邊海域到底棲息著多少的海龜？其實很難有準確的數字！因為海龜會自由游動，我曾經協助海龜點點名的拍攝調查，光是從厚石裙礁放流浮潛到大福廢棄漁港，就記錄了數十隻海龜，蘇淮也曾用空拍機拍攝肚仔坪海域，短短幾百公尺內，就拍到了一百多

隊超過十年不間斷淨海、撿垃圾、清漁網，讓小琉球的海變乾淨，海中威脅減少，多重因素為海龜提供了一個相對安全的棲息環境。據研究調查顯示，近年海龜數量逐年成長。

據說早年遊客到小琉球浮潛，下水看到的垃圾、漁網，比魚和海龜還多，沿岸廢棄漁網動輒綿延一、兩公里，漁網卡在珊瑚礁上，不僅造成珊瑚死亡，海龜也會溺死在廢棄漁網上，這景象讓李重震非常痛心，於是二〇〇九年他和當地從事觀光業的友人們發起成立海洋志工隊，非旅遊旺季時每週三相揪淨海。

海洋志工隊成員之一洪桂蓮說：「早年我們也曾傷害小琉球，因為無知，

跟著老一輩毒魚、電魚，但當漁業資源愈來愈匱乏，打從心裡知道不能再這麼做，必須彌補以前做過的傷害。」淨海一做超過十年，讓人看見他們的決心。

琉球龜屢見船擊意外

雖然小琉球近海無網，海龜住得很安心，但根據海洋保育署資料，通報海龜有兩成是因漁業活動造成死傷。像是海龜「小破洞」的背甲就疑似被船擊打到見骨，許多潛水教練熱心拍照回報海龜點點名，幸好發現牠傷口逐漸痊癒，只留下龜甲駭人傷疤。也曾見過被釣線纏繞前肢的海龜，最後牠的前肢就被釣線截肢，但至少還活著。

可貴的事。後來每次聽聞小琉球海龜傷亡事件，總會擔心是不是認識的海龜，就像擔心朋友一樣。

為了避免造成海龜傷亡，也是海洋志工隊成員、年輕返鄉的許博翰，與家族朋友集資打造「探索拉美」玻璃船時，螺旋槳刻意設計增加防護罩，避免打傷海龜，他笑說：「意外的『收穫』是，有些塑膠袋或漁網會卡在罩子上，雖然不影響行船速度和安全，卻讓防護罩同時變成垃圾蒐集器。」探索拉美也從每張船票中撥十元做為海洋基金，盼積少成多回饋家鄉之海。

據資料顯示，海龜常見的威脅有：人為獵捕、漁業混獲、船隻撞擊、海洋垃

花瓶岩是小琉球地標，也是浮潛勝地，擠滿許多遊客(上圖)；海龜「小秋」經常衝向人，但海龜屬保育類，必須主動讓路，也不能觸摸(下圖)。 (攝影/蘇淮)

然而，並不是每隻海龜都這麼幸運，海保署統計，二〇一九年七起疑似船擊死亡的海龜中，就有六起發生在小琉球！也曾是海龜研究人員、海湧工作室創辦人郭芙建議，小琉球觀光船應該放慢船速，因為船隻航行時會產生水下噪音，海龜一旦習慣環境的背景噪音，躲避船的能力就倚賴視覺，愈吵雜的環境，就愈容易被船撞到。

我也曾親眼在海中看到疑似被船擊、龜殼破裂死亡的海龜。就像人總是對常見的事物不珍惜一樣，那時我才意識到，原來這樣全球瀕危的海洋生物，在我們的生活周遭很容易就能看到，甚至比街上的流浪貓還不怕人，是多麼難能

圾、產卵棲地開發、環境汙染和傳染病威脅等，加上海龜性成熟時間晚，數量持續減少中，是急需保育的物種。

二〇一七年海龜點點名曾發現四隻疑似長腫瘤的綠蠵龜，過去在台灣發現腫瘤海龜的機率並不高，馮加伶指出，海龜在免疫力狀況不好時，或是海洋環境惡劣、水質不佳時，就容易長腫瘤，在海龜密度高的地區尤其容易傳染，夏威夷就曾大規模爆發海龜腫瘤。所幸後來小琉球並未再發現更多腫瘤龜。

棲地破壞，產卵龜少

小琉球的產卵海龜，則愈來愈少見。海龜有像鮭魚般會回到出生地產卵的天

性，長期研究海龜的台灣海洋大學海洋生物研究所教授程一駿說，海龜發情時間長，當母龜發情時，就會開始從居住地游回出生地；公龜則會在游回出生地的「沿途」，物色母龜，處處留情。

海龜性成熟與否，可依背甲長度推測，綠蠵龜背甲曲線長八十五公分以上，就有可能是成熟海龜，至少要二十年以上才會性成熟可交配產卵，母龜約四年交配一次。而海龜性別也得等到成熟後，才容易從外觀辨識，尾巴長度超過二十五公分是公龜，尾巴比後肢短的則是母龜。

台灣海龜研究早期多為產卵沙灘、卵窩孵化和產卵母龜行為及洄游追蹤等，曾透過為海龜裝設發報器發現，台灣海龜洄游範圍遠及東沙、日本、菲律賓海域。而台灣海龜產卵沙灘主要集中在五個離島：澎湖望安、台東蘭嶼、屏東小琉球、東沙島和南沙太平島。近年海龜研究逐漸多樣化，包括水下調查、海龜疾病和救傷收容等。

每年五至九月，是成熟海龜游回小琉球上岸產卵的季節，小琉球幾乎所有沙灘都有海龜產卵紀錄，五至九月產卵季正是小琉球遊客最多的時候，加上民宿多、光害嚴重，很容易影響母龜產卵，海龜媽媽產卵過程可能會上岸四、五次，在沙灘從晚上挖洞挖到天亮，感覺對了才會生蛋，有時也可能白忙一場。可惜的是，因為小島開發建設，近年小琉球沙灘已愈來愈小，每年上岸產卵母龜數量不多。

海龜卵約需五十天才會孵化，沙灘

小琉球流強少人去的潛點，仍保有較佳生態，海扇密集成林。 （攝影/楠忘）

溫度影響海龜性別，超過二十九度大多孵出母龜，低於二十九度則孵出公龜，因為全球暖化，孵出母龜的機率愈來愈高。雖然每隻海龜媽媽產卵都有上百顆，但卵和小龜天敵非常多，卵在沙灘可能會被蛇吞食或人為破壞，小龜會被鳥、螃蟹、魚吃掉，而且海龜四肢已演化成無法像陸龜一樣全縮進殼裡避敵，每一千隻小海龜僅一隻能平安長大。

漁村轉型觀光旅遊

小琉球早期是個純樸小漁村，出了許多遠洋船長，為求家人平安，島上蓋了許多廟，也有漁夫不希望子孫再從事漁業，所以鼓勵孩子多念書升學，而有：「船長多、廟多、校長多」之說。近年因為距離台灣本島近，發展觀光甚早，漁村成功轉型，許多青年返鄉創業，逐漸演變成：「民宿多、機車多、麻花捲多。」麻花捲是當地熱門伴手禮。

當地經營觀光業十多年的業者說，小琉球發展民宿初期，常帶遊客導覽潮間帶生態，「以前潮間帶的海兔(海蛞蝓)多到要先移開才不會踩到，但現在要很努力找才能找到海兔，可見生態環境的轉變。」根據交通部東港至小琉球交通船載運量統計數據，二〇〇六年載運旅客人次約四十六萬，至二〇一二年已翻倍成長至九十八萬人次，遊客激增。

為了搶救潮間帶生態，二〇一三年當地民宿業者發起每年十二月至隔年三月為「潮間帶休養期」，業者們自發不帶遊客到潮間帶導覽，希望挽救快被踏平的潮間帶生態。二〇一四年夏天，地

塑膠袋漂浮海中狀似水母，不時造成海龜誤食，幸好海龜「吃貨二哥」咬一口就吐掉。
（攝影/蘇淮）

方政府管制杉福和漁埕尾潮間帶遊客人數，同時段僅能容納三百人，必須到管制站登記且由解說員帶領才能進入。

巧的是，潮間帶生態發出警訊的同時，海龜無縫接軌擔下了小琉球觀光明星的重擔，遊客量持續飆升。

自二〇〇六年交通部有載運量統計以來，小琉球旅客人次只有成長，不曾下滑，旺季或連假為避免民怨，小琉球的交通船幾乎是無限加班，以輸運所有旅客。二〇一三年東港至小琉球旅客人次首度破一百萬，此後年年突破百萬旅客，十分驚人！（按：交通部東港至小琉球交通船旅客人次統計尚包含居民搭乘，小琉球常居人口約六、七千人。）

龜遭銳器穿刺死亡、甚至發生數名男子街頭裸體遛鳥等脫序亂象。

小琉球觀光自我毀滅？

國際學者Jean S.Holder曾提出「觀光自我毀滅論」，闡述觀光旅遊地區從發展到衰退的過程，階段一：發現世外桃源→階段二：觀光投資開發→階段三：大量觀光→階段四：觀光沒落。這不也像台灣許多觀光景點從興起到衰退的命運？值得警惕。

人們以為觀光是無煙囪產業，但沒有「適量、永續發展」觀念的話，即使行銷成功，湧進大量遊客，觀光產業賺飽錢，但自然資源快速消耗後，將會淪為

漂浮水面的海藻，偶爾會發現嬌小的娃娃魚(上圖)；黑美葉海蛞蝓是小琉球的小生物明星(下圖)。

(攝影/Marco Chang)

郭芙曾在端午連假帶遊客上島：「解說員一直在接手機，趕著去接下一團，根本沒認真解說；半潛艇開超快沒解說，海水也很濁；浮潛穿裝備時也很混亂，旅遊品質超差。」假日無限制加開船班，不斷地把遊客往小琉球送，當地未以觀光業維生的居民吶喊：「小琉球快要毀滅了，島快沉了！」

業者變多，為搶客源，也出現削價競爭，有業者推出小琉球兩天一夜每人只要一千七元，包含民宿、來回船票、機車、浮潛、燒烤BBQ等，讓優質業者大嘆：「這價格到底賺什麼？！」遊客多也不時發生觀光亂象，如：潛水員在珊瑚上刻名字、浮潛「踩」海龜、還有海

觀光「慘」業，而已破壞的生態環境也難恢復。

據說小琉球早期在下船的港口邊就滿是攤販，擺著從海中採集的各式珊瑚，數十年前，聽說小琉球周邊海域還有隆頭鸚哥魚群、龍王鯛、鯊魚等，但經過長年的捕撈，現在小琉球海中已不常見大魚，許多潛友們都笑說：「小琉球的海洋是走到『絕境』，海裡什麼都沒有了，只剩下海龜，才開始做保育。」

近年研究人員從擱淺或死亡解剖的海龜體內發現許多人造垃圾，如：釣線、塑膠袋、保特瓶蓋等，塑膠垃圾在海中有時像海龜的食物，牠們會好奇咬咬看，有可能咬一口發現不是就吐掉，或

不慎誤食但還能幸運排出，蘇淮就曾拍到從海龜肛門拉出塑膠便便的影片，引起極大迴響。不幸的是，誤食垃圾易讓海龜的腸胃無法吸收，長期可能造成營養不良，甚至死亡。

小琉球居民也觀察到，在生活廢水排放口，營養鹽高，易生藻類，覓食的海龜反而多，花瓶岩是最多遊客浮潛的區域，但周邊就有匯集小琉球熱鬧地區生活廢水的大排，曾發現同時有二十多隻綠蠵龜在此覓食。然而，海龜數量多並不代表海洋生態很好，馮加伶指出，由於海龜對環境耐受力較高，就算水質不好，或珊瑚少、藻類多，在環境極度惡劣前，牠們還是能居住在此。

壞，如何維護好環境，是小琉球未來永續發展的關鍵。

但在政府還無力進行遊客總量管制前，若想友善小琉球、友善海龜，可以怎麼玩？「小琉球綠蠵龜樂園低碳島」網站上，從食、宿、遊、購、行多方面提醒遊客，像是：騎電動車或搭環島接駁公車，浮潛、潛水不擦防曬油，選擇環保旅店，或自備環保袋、杯、筷等，或買東西時少拿一個塑膠袋、少用一根吸管，就是愛護環境的善舉。

環保島氛圍形塑

我也從二〇一六年開始，較密切與當地朋友互動，協助推廣小琉球低碳、環

看似相親相愛的兩隻海龜，其實是在互咬爭地盤(上圖)。海龜跟人一樣用肺呼吸，需不時浮上水面換氣(下圖)。

(攝影/蘇淮)

根據環境資訊協會二〇一九年小琉球珊瑚礁體檢報告指出，厚石裙礁水深五米處，活珊瑚(石珊瑚和軟珊瑚總和)覆蓋率僅百分之三，漁埕尾五米處也僅百分之九，都是珊瑚覆蓋率「不佳」的等級。但在二〇一六年強颱莫蘭蒂侵襲前，厚石裙礁五米活珊瑚覆蓋度還曾高達百分之六十四、漁埕尾五米處有百分之三十八，顯見颱風對這兩處珊瑚造成極大損害。

小琉球年輕鄉長陳國在表示，「人家來小琉球玩，不是要看我們民宿蓋得有多漂亮，而是我們得天獨厚的自然資源，觀光的兩大重點：潮間帶和海龜。」他坦言，觀光發展一定會帶來破

保旅遊。海湧工作室、當地藝術家林佩瑜也和大鵬灣國家風景區管理處合作，在遊客最多的暑假舉辦淨灘，希望喚醒民眾友善環境的意識。

做為小琉球低碳環保旅遊推手之一，若是二〇一六年時，旁人說小琉球是個很環保的島，我會說：「假的！那是行銷包裝出來的。」當時大多還是個案亮點，但隨著媒體熱烈報導、島嶼氛圍形塑，「弄假成真」，有愈來愈多業者願意自發性加入小琉球的環境友善推廣，點、線、面串聯，讓小琉球近年被環保署選做無塑低碳示範島。

二〇一六年時，冰郎小酒館是全島第一間不提供塑膠吸管的店家，改以價格

較貴的不鏽鋼吸管，領先政府政策，自發內用限塑。老闆蔡宗樺說，他研發的小琉球專屬精釀啤酒以「海歸」為名，象徵每三年一科的迎王祭典，不管遠洋船長們跑多遠，都會在此時回鄉祭神，如同母龜回到出生地般忠誠，「現在小島從漁村轉型觀光，返鄉創業的青年也像海龜洄游天性一般，回到最初孕育他們的地方。」

此外，回鄉十多年的蔡正男，則以海龜為主題打造正好友生態環保旅店，不提供旅客一次性耗材備品，並選用可分解的沐浴乳、洗髮精，降低汙水排放至大海中的壓力，加上民宿建築完全使用環保建材、無化學藥劑的漆料，電器也都有環保標章，希望從自身做起，帶動遊客愛護環境。

二〇一七年起，鵬管處、海湧與在地青年更推動超吸晴的「海灘貨幣」淨灘活動，佩瑜將海邊撿回的廢棄碎玻璃，經巧改手造、彩繪，變成可愛又具小琉球特色的玻璃貨幣，而且真的能在島上百間店家折抵消費，但因為海灘貨幣畫得太美了，每一顆都獨一無二，還不定期推出限定款，拿到的民眾大多當藝術品收藏，捨不得使用。

郭芙指出，淨灘的目的，是為了讓人知道「撿」垃圾只是治標，從源頭「減」量才是治本。因此他們每一場淨灘活動前，民眾都需要聽一小時的講座，了解海龜生態與垃圾問題。二〇一八年起，海湧更陸續培訓多名在地講師，由他們帶領淨灘活動，讓淨灘成為小琉球的全年自發性活動。

四年來他們帶領了近三千人次淨灘，總共清除超過十四公噸的海灘垃圾，郭芙笑說：「小琉球的沙灘真的變乾淨了，現在要淨灘都還要特地找點。」海洋志工隊洪桂蓮也笑說，愈來愈多人淨灘，海裡的垃圾也少了許多，而志工隊負責淨海，各司其職，真的一起讓小琉球的海洋變乾淨許多。

其中，由十多名小琉球小學生和老師組成的「小橘」小隊撿垃圾撿出熱情，淨灘守護家鄉環境的理念深植孩子們心中，橫掃二〇一九年海灘貨幣淨灘活動，場場第一，僅一場輸給百人組成的成人隊。

有次自主淨灘時，孩子們還意外救援數隻小海龜，為剛出生的小海龜清出爬回海中的路，他們親眼看到自己能幫到小海龜，都非常感動，也改變孩子們的日常行為，落實環保變成他們的生活習慣，是環境教育從小做起的最佳典範。

環保餐具循環利用

二〇一八年底，在地居民甚至在小琉球三年一科最重要的迎王祭典中，成功推動使用不銹鋼餐具供餐，讓減塑理念深入地方傳統祭典，也號召大批志工洗碗清潔，不分男女老少投入迎王減塑的實踐，讓人看見全島齊心的力量。

此後，在這些基礎上，琉球青年們、海湧工作室、青瓢與環保署、屏東縣政府環保局、鵬管處合作，推廣「琉行杯」，在島上超過一半的飲料店可借用環保杯，甚至連清心福全、7-11、全家等全國性品牌都加入，成為全台創舉。

「小橘」小隊特愛進入大人撿不到的環境淨灘,不怕髒、不怕累,希望把垃圾都撿光,長期淨灘也讓他們開始從日常生活中實踐減塑。　　　（攝影/黃佳琳）

環保署也在小琉球設置飲水機加水站。

詢問飲料店為何願意無條件加入琉行杯活動？店家既不會獲得政府補助，還會增加門市營運上的困擾，但許多店家都直覺回應：「這是對小琉球好的事，就應該支持啊！」二○二○年琉行杯租借據點更擴及民宿。而長期在小琉球推動減塑的青年們也成立台灣咾咕嶼協會，發起餐具租借、雨衣「琉」著用等，想盡各種方法力扛快被人潮和垃圾淹沒的小島。

原來，小琉球並沒有垃圾掩埋場，現在所有的垃圾都是先暫置在島上垃圾轉運站。屏東縣環保局指出，小琉球平均每天產生七噸垃圾，其中約四成是資源

時任屏東縣環保局長的魯台營坦言：「再怎麼淨灘或垃圾、汙水處理，面對每年百萬人次的遊客量，仍然是緩不濟急，大量的遊客湧進小琉球，我們也很擔憂！」

前任鵬管處長許主龍，二○○○年起擔任鵬管處企劃課長，一手經辦小琉球納入大鵬灣國家風景區，當時小琉球八成以上從事漁業，人口外流嚴重，這些年來看著小琉球遊客直線成長，現在八成以上從事觀光業，青年返鄉、移居，號稱是零失業的小島。

但他也感慨直言：「身為觀光主管機關，說遊客太多，可能會被業者反彈，但連在地人都說遊客太多了，長輩們被

島上生活廢水多直接入海，雖有汙水處理措施，但雨大時仍作業不及(上圖)；潛水員撿不完被大雨從台灣本島沖來的寶特瓶垃圾(下圖)。 (攝影/蘇淮)

回收物，一年大約要花一千多萬元經費把小琉球垃圾運回台灣處理、焚燒。

但清潔隊只有二十多人、臨時雇工約四十人，等於每位清潔人員每天至少要處理一百公斤的垃圾，光想就令人頭痛。然而，垃圾並不是清潔人員的問題，而是每個製造垃圾的人該從源頭減量的問題。

此外，小琉球早期聚落街道設計狹窄，要接管做像城市的大型汙水處理廠並不容易，且經費動輒上億。因此小琉球以逐步建置數座聚落式的汙水處理設施為優先，每座經費約兩、三千萬元，可處理六百多噸的生活廢水，經截流大排汙水做簡易淨化處理。

夜遊機車聲吵得睡不著。小琉球觀光應該朝向『質精、適量』，才能永續。」接任的鵬管處長陳煜川也表示，小琉球將持續以低碳、環保永續旅遊為方向。

觀光失速列車如何永續？

但我從二○一二年撰寫小琉球旅遊報導以來，就像狗吠火車般，不斷呼籲政府應該正視小琉球遊客爆量的問題。看著台灣民眾對菲律賓政府封長灘島救生態大聲讚好，但小琉球僅是要求管控交通船「不要無限制加班」都像是天方夜譚，多少人的利益牽連在這往返的遊客量上，基層工作人員們也很辛苦。

縱使島上有心人們大力推動減塑環保

行動，希望為超載的環境負擔減壓，但其實島上還是有許多人只想發大財，拚命拉抬房價、賣土地、投資開店、砍樹整地蓋民宿等，小琉球的觀光發展像是一列煞車裝置(政府)壞了的火車，正急速地衝向斷崖，何時會高速墜落？沒有人知道。

但短視近利、不見棺材不掉淚的台灣人也不太在乎，縱使墾丁觀光雪崩歷歷在目，但對大多數人而言：能賺錢時拚命賺才是聰明人。

然而，小琉球還能靠海龜發多久的觀光財呢？誰也沒把握。二〇一六年強颱莫蘭蒂侵襲掃光珊瑚後，原本住在大福西潛點的海龜：大古、刀疤、霸主就變得不容易見到。

海洋無國界，海龜能游數千公里遠，難保哪天小琉球環境真的極度惡化時，海龜也像現實的人們一樣，另覓他處求生存。

小琉球綠蠵龜樂園能否永續？得看民間與官方能否攜手將這台觀光失速列車轉向「真正的」永續發展，建立長期環境基礎監測資料、落實遊憩管理、滾動式檢討規範，而不只是口號和推廣行銷贏得美名而已。若政府失能，徒讓民間互相磨合、消耗熱情，那好不容易營造出的正向氛圍恐也難長久。十多年來，也早已有許多有心卻失望的人，如海龜般來了又離去。　　◆

更深入精闢的訪談，就在《經典.TV》

海龜、自然環境與人，都是小琉球的居民，但人類忙著開發、賺錢，「觀光搖錢樹」海龜如同大地與海洋，默默承受著人類對環境的破壞。

《攝影/蘇淮》

（攝影／楠忘）

綠島
潛水天堂

太平洋上的綠寶石

綠島觀光政策能否兼顧環境永續，攸關潛水天堂未來

觀光客及居民享受海洋之美的同時都需友善環境

但不遠處的睡美人岩，就是島上濱海垃圾掩埋場

各國水中攝影師潛游仙人疊石海域尋找罕見豆丁海馬

奇幻的海底世界讓綠島具國際級潛水天堂的潛力

黑潮流經綠島，造就海洋能見度佳，生物多樣性高

九月下旬，綠島風和日麗、陽光普照，船行到睡美人岩近處稱為「仙人疊石」的小丘，我跟著綠島資深潛水導遊與各國專業水中攝影師們，一起跳入清澈見底的海洋尋寶。仙人疊石是綠島殘存的火山頸，水面上玄武岩柱狀節理，彷彿金字塔般層層堆疊，水下則住著綠島享譽國際的海洋明星「克里蒙氏豆丁海馬」。

飛魚潛水中心教練俞明宏簡報時說，克氏豆丁體色偏白，喜歡棲息在綠色仙掌藻上，大多在水下五至十二公尺處發現。所以下水後，一群人就沿著石壁，在茫茫大海中尋找體型如豆子般微小的海馬；這是這群國際水中攝影師在綠島五天四夜旅程的最後一次潛水，每次潛水不過九十分鐘的機會，隨著時間一分一秒過去，大家都沒看到克氏豆丁，有一點兒心急。

突然，俞教練從石縫間游出，急促地搖鈴告知找到了！泰國攝影師Nu Parnupong率先跟上，我尾隨在後游進石縫狹谷間，彷彿繞迷宮一般，左轉、右拐，游過一個洞口後，一切豁然開朗，俞教練再領著我們游進前方不到一公尺寬的石壁走廊，另一位潛導林言謙則在一整面仙掌藻牆上，為Nu指出一隻高約一公分、寬零點一公分的克氏豆丁，不仔細瞧，還以為是鈣化的白色仙掌藻，保護色極佳。石縫間湧浪不小，但克氏豆丁極小，一個不留神，白色小海馬就會游出微距鏡頭外，Nu拿著十多公斤重的水下攝影機，辛苦地在湧浪間平穩身體，同時記錄著海馬身影。

國際行銷綠島海洋

我順著來時路，游回洞外分別尋找各國水中攝影師們，可惜當天僅找到一隻克氏豆丁，大家只能輪流短暫記錄這在外國很少見的珍貴物種。俞教練說，過去仙人疊石的克氏豆丁很多，但近年颱風破壞棲地，數量少了許多，能讓每位遠到而來的水中攝影師都拍到綠島獨特的克氏豆丁，已圓滿協助觀光局完成艱難的潛水行銷推廣任務。

觀光局東部海岸國家風景區管理處為推廣綠島國際潛水旅遊行銷，二〇一七年九月下旬邀請多位國際級水中攝影師前往綠島拍攝海洋之美，有泰國Nu Parnupong、馬來西亞Tim Ho、韓國Jerome Kim、台灣廖佑桓(Yorko Summer)，和大陸微信潛水節目《潛行家》創辦人周杞楠(楠忘)和步誼，這些攝影師潛遍世界各地，在國際間各有粉絲，並邀島人海洋文化工作室蘇淮、陳芃諭與水中攝影師江姵錡(Peggy Chiang)同行協助，我也全程參與潛水採訪。

此行短短四天十次的潛水中，他們記錄了許多綠島美麗的照片與影片，並放上社群媒體，向國際友人分享綠島繽紛、清澈、生物多元的海中世界。Nu剪輯近五分鐘的影片，呈現綠島山海壯

早在日本小豬豆丁海馬二〇一八年被發表為新種前，台灣海域已有潛水員拍攝過牠的影像。

(攝影/Penny Lian)

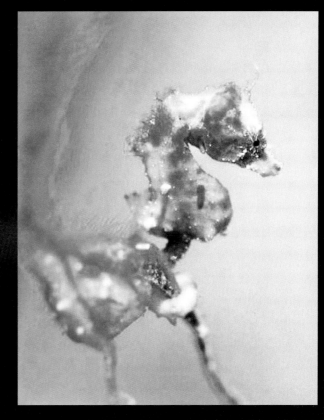

豆丁海馬體型皆小如豆,彭氏豆丁體色多變(上圖);克氏豆丁又稱紙片豆丁(下圖);巴氏豆丁是全球第一種被發表的豆丁海馬(左圖)。

(上/Tim Ho攝、下/俞明宏攝、左/Peggy Chiang攝)

濶，也把台灣最美的風景「人」記錄其中，許多人看完都驚嘆：「這是綠島嗎？！」《潛行家》影片則以〈綠島小夜曲〉開頭，以熟悉的旋律帶入美好的海洋探索之旅。

台灣豆丁海馬種類多

綠島是台灣豆丁海馬多樣性最高的海域，擁有四種不同豆丁！豆丁海馬嘟嘟嘴可愛的模樣，吸引各國潛水員朝聖，是潛水界的大明星。綠島首見克氏豆丁是在二○○七年六月，由藝人吳倩蓮在綠島中寮港發現，因此牠又被台灣潛水員戲稱為「小倩豆丁」，而牠薄如紙片的身形，也讓牠有「紙片豆丁」之稱。

二○一八年台東縣政府和中華郵政合作，製作一隻高一點八公尺的豆丁海馬造型海底郵筒，放置在綠島石朗海域水深十一公尺處，讓人可以潛水從海中寄出明信片，每年創造上千萬觀光產值，也將部分收益回饋地方學校。

東海大學生命科學系副教授溫國彰指出，目前全世界已知的豆丁海馬僅七種，在台灣就曾發現五種，是亞洲豆丁海馬多樣性最高的國家之一。台灣曾記錄過：巴氏豆丁海馬(*H. bargibanti*)、彭氏豆丁(*H. pontohi*)、克氏豆丁(*H. colemani*)、日本小豬豆丁海馬(*H. japapigu*)、丹尼斯豆丁海馬(*H. denise*)，此外，先前台灣也有紀錄的賽氏豆丁，則在近期被列為彭氏豆丁的同種異名。

溫國彰團隊透過社群網路搜尋，整理出台灣豆丁海馬分布：東部綠島多樣性最高，可見四種豆丁海馬：巴氏、彭氏、克氏和日本小豬；僅蘭嶼記錄過丹尼斯豆丁，是台灣新紀錄種，另可見彭氏和克氏豆丁，也傳聞曾見巴氏豆丁，但沒有找到照片紀錄；台灣本島墾丁有巴氏、克氏和日本小豬豆丁，東北角曾見巴氏和日本小豬豆丁；離島小琉球和澎湖也都曾發現巴氏豆丁。

匯整資料發現，巴氏和丹尼斯豆丁住在海扇上，在台灣出現海域較深，大多要二、三十米左右；彭氏、克氏和日本小豬則多住在有海藻、水螅的環境，相對水淺，約十幾米可見。

溫國彰指出，日本小豬豆丁海馬是二○一八年才被發表的新種，台灣是目前少數曾記錄過它的國家之一，但因為日本小豬豆丁跟彭氏豆丁外形相似，網路上許多潛水員常將牠誤認為彭氏豆丁。

然而，豆丁海馬體型非常小，科學家人力、時間有限，不能每天潛水去找，所以幾乎所有的豆丁海馬都是被潛水員、潛導、水下攝影師發現的，是很好的「公民科學家」實踐，加上近年休閒潛水盛行和水中攝影器材普及，讓微小的海洋生物有機會更被看見。

豆丁海馬體型大多不超過兩公分，比一般海馬小很多，生命週期約一年左右。海馬其實是海龍科的「魚」，因頭部像馬而被稱為海馬，游動的方式不同於一般魚類，海馬會直立身體，只靠小而幾乎透明的背鰭游動前進；用鰓呼吸，鰓蓋下的胸鰭用來平衡身體和控制方向；尾鰭特化，由密集的骨板組成，強而有力，可以像猴子尾巴一樣捲曲攀住珊瑚或藻類，避免被水流帶走，但他

綠島打造克氏豆丁海馬海底郵筒，吸引遊客從海中寄出明信片，創造上千萬
觀光產值，並回饋地方學校。

(攝影/Peggy Chiang)

們又喜歡生長在水流強的地方，所以經常會看到牠們搖頭晃腦的可愛模樣。

海馬的繁殖方式也很特別，是由母海馬將卵產在公海馬腹部的育兒袋，公海馬會細心照顧直到小海馬從育兒袋孵出，看到大腹便便其實都是爸爸。豆丁海馬雖然不像一般海馬因入中藥材而被大量捕撈，但同樣備受水族觀賞喜愛，經常發生連居住的珊瑚一併盜獵事件，已產生嚴重生存危機。

重新看見綠島之美

我在十幾年前的夏天就曾到綠島旅遊，也跟大多數遊客一樣，環島、浮潛、夜觀、泡世界罕見的海底溫泉，但

來，發現綠島有份寧靜蕭瑟之美，且少了旺季不間斷的大量遊客，許多民宿和餐廳、紀念品店業者此時都會休息並返回台灣，讓小島有了休養生息的機會。在島上經營夏卡爾民宿十多年的老闆娘許逸如說，每年十一月至隔年三月，會來綠島的旅客大多是潛水員和外國人，步調緩慢，待的時間較長。

綠島具備國際級潛水天堂的潛力，其來有自。全島面積約十六平方公里，機車環島一圈約需一小時，為火山噴發形成的島嶼，四周海岸珊瑚裙礁圍繞，黑潮由南往北流經，海中生物多樣性高，海水能見度動輒三十公尺起跳，五十公尺以上的能見度也是常有的事，在綠島

綠島「大香菇」團塊微孔珊瑚已存活千年，被浪擊成美國總統川普側臉(上圖)；短腕陸寄居蟹入住海灘上被遺棄的鬼娃頭(下圖)。　　(上/俞明洪攝；下/侯政廉攝)

暑假爆量的遊客，讓我從那年夏天後，就不想再踏進綠島。即使近幾年也曾因為旅遊工作，需進綠島採訪，但私心偏愛蘭嶼。直到跟著外國攝影師在綠島上山下海，我才真正感受到綠島有多美！

蘭嶼、綠島是台東兩大離島，蘭嶼有達悟族文化且交通較不便利，使它保有海島較原始樣貌，愛上蘭嶼一點都不難。而綠島從台東富岡碼頭前往僅需一小時船程，一下碼頭就有長排的待租機車，南寮大街上餐廳、紀念品店林立，每到旺季小島上居然還會塞車，過於濃厚的商業氣息、嘈雜的人群，讓人很難靜下心來感受綠島的大自然之美。

然而此次與各國水中攝影師在秋天前

海中潛水彷彿置身超大立體劇院，可以全面無死角欣賞海洋美景。

綠島海域珊瑚約有兩百多種，活珊瑚覆蓋率也高，還有全世界最壯觀的團塊微孔珊瑚「大香菇」，已存活近千年。二〇一六年被強颱莫蘭蒂引發的巨大湧浪擊倒後，經當地潛水教練們十個月的搶救，已與周邊壓到的珊瑚接連生長，現在珊瑚遠看外形有點像美國總統川普的側臉。魚類則約有六百多種，偶爾可見大型洄游性魚類出沒，如：鮪魚、鰺科魚類，還有潛客曾在石朗海域與海豚共游，非常幸運！

島上最高處、位於中央的火燒山海拔約兩百八十公尺，因火燒山與阿眉山的

屏障，造就綠島全年皆可潛水的條件，夏季西南季風盛行時，北邊與東邊較適合潛水，如柴口保護區；冬季東北季風強勁時，東、北面海上白浪滔滔，但西邊與南邊海岸有時甚至可平靜如湖，如石朗保護區或大白沙一帶。冬季水溫最低二十二度，夏季水溫可達三十度，冬季每天至少一班交通船往返，偶爾因風浪大而停開。

迷人的海洋圖書館

國際水中攝影師團的潛導中，俞明宏和侯政廉都是二十多年前就開始到綠島潛水，因為太喜歡綠島的海洋環境，十多年前移居綠島。俞明宏協助許多學術研究單位從事海洋調查，保育綠島的海中生態。侯政廉熱衷淨灘、淨海、護蟹，在陸蟹媽媽要降海釋幼、繁衍後代的季節，會主動去協助陸蟹過馬路，幾年前也曾在海參坪海灘拍到背著鬼娃頭的短腕陸寄居蟹，引起大眾關注，提醒旅客到海島勿撿貝殼，還給寄居蟹一個家，友善海洋。

「綠島是座天然的海洋圖書館，想看圖鑑裡的生物，在綠島海中都能看到實物。」俞明宏說，除了豆丁海馬，綠島還有許多特殊小生物是國外難得一見的，但在綠島很常見的物種，例如：小草莓海蛞蝓、美葉海蛞蝓等，都非常可愛，韓國攝影師Jerome Kim笑說：「綠島海蛞蝓好像伙食特別好，體型都比國外的大隻。」

鋼鐵礁潛點親人的金帶擬鬚鯛和燕魚群，與繽紛的軟珊瑚，也讓攝影師們印

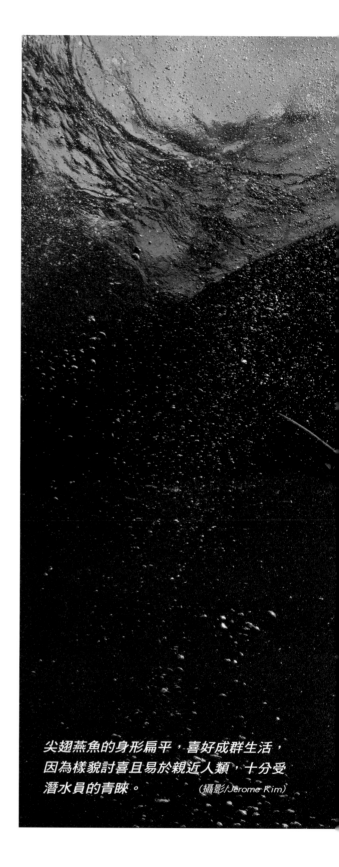

尖翅燕魚的身形扁平，喜好成群生活，因為樣貌討喜且易於親近人類，十分受潛水員的青睞。
(攝影/Jerome Kim)

人工鋼鐵礁覆滿了各種珊瑚，形成一座美麗的海中花園，經常可見
成群結隊的金帶擬鬚鯛，是綠島的潛水熱點之一。 （攝影/Peggy Chiang）

象深刻，在貧脊沙地放置的人工魚礁，成為海洋生物的避風港，多年後已是美麗的海底花園。而綠島豐富的海中地形也很迷人，像是三塊石、一線天、鱷魚嘴、水下教堂等潛點都很特別，尤其是教堂洞穴中的光影變化，非常迷幻。

每年十一月至隔年四月，還有神祕嬌客槌頭鯊會出沒在綠島東南角海域，俞明宏說，滾水鼻是黑潮流經綠島的第一個撞擊點，海流強勁。在綠島從事潛水業超過二十年的顏周虎，數年前曾在此見過上百隻槌頭鯊的盛況！但近年鯊魚數量減少許多。雖然在台灣能潛水看到鯊魚非常讓人感動，但滾水鼻流強浪大，島上多位資深教練都不建議一般潛水員去，難度極高。

漁業與觀光尋求共榮

如今雖然綠島多數人從事觀光業，但仍有部分漁民從事漁業。二〇一六年綠島民宿業者獵殺保育類龍王鯛事件，在媒體上喧騰一時，激化了綠島觀光與漁業的衝突對立。開設庫達潛水的在地青年、也同時是綠島區漁會監事的何誌忠說：「過去我的祖先靠漁業養活了我們一家人，後來我才有觀光可以做，我覺得不能抹滅漁業文化，但我自己現在做潛水業，而長輩們也都還從事漁業，我的內心也很衝突。」

他回憶小時候的綠島，海洋生態令人驚奇，中寮碼頭以前還沒蓋港口時，在灣內就能看到鯊魚。何誌忠返鄉創業至今十年，他坦言現在綠島的魚的確太少了，若政府能「有完整配套」地禁漁兩、三年，綠島海中生態勢必有驚人的回復，再循序漸進地開放漁撈、漁獵，像國外分區、分時、限定物種大小等，並協助輔導有意願轉型觀光的漁民。

漁業與觀光如何並存共榮，是每個企圖從漁業轉型觀光的漁村必須認真面對的課題，近年漁業人口流失，漁民被汙名化，但其實從事觀光業也沒有比較高尚，赴綠島研究海洋環境的專家私下坦言：「觀光客對海洋的破壞是全面性的，來海邊、海島旅遊，大啖海鮮料理，也是另一種對海洋的掠奪；潛水、浮潛、玩各種水上水下活動，消費海洋；吃住拉撒產生的垃圾與廢水，再排回海裡，更汙染海洋。」

睡美人、哈巴狗，是每位遊客到綠島必拍景點，大多從環島公路小長城步道口附近拍攝睡美人岩的美麗模樣，我十多年來也是這麼拍的，直到在綠島船潛，從海上看見睡美人的另一側，才發現原來是座蓋在海邊的巨大垃圾掩埋場，又震驚又難過。

近年再訪綠島，託當地友人帶我前往垃圾場，從環島公路彎進林間小路，順著圍牆圍起的圓形垃圾場斜坡而下，走進位於睡美人岩的垃圾掩埋場，看著滿地資源回收物：寶特瓶、紙類等，感到十分無力。隨著微風吹拂，許多垃圾已

綠島周邊海域的珊瑚覆蓋率高、海水能見度好，潛游其間，清晰可見海底珊瑚礁層層疊疊的美麗模樣。

(攝影/Efy Chen)

飄出牆外，與海洋僅咫尺之距，甚至有些可能早已落海，原來，垃圾的終點不是垃圾桶，即使資源回收物也不是，它們的終點可能都是海洋。

然而，仔細想想，造成睡美人黑心腐敗的不是別人，而是每一個出現在這座島上的人，不管是遊客還是居民，垃圾一旦產生，就很難從地球上消失，只是我們看不見它們去了哪、藏在哪而已，唯有每個人從自身做起，落實垃圾減量，才能對小島環境友善一點。

垃圾減量救綠島

求證台東縣環保局，副局長陳炳伸回應，我看見的是二〇〇三年十月啟

量，以便因應無法船運的突發狀況。

陳炳伸指出，資源回收物大多回歸市場機制，由地方單位自行變賣，所得用以處理相關業務，但現在回收物價格不好，加上綠島還要船運運費，業者意願不高，變成政府在處理完一般垃圾後，行有餘力再運送資源回收物，有時還得另尋經費處理。

垃圾量有多可怕？每年五至十月是綠島的旅遊旺季，根據台東縣環保局統計，旺季垃圾每天平均約三點五公噸、資源回收物每天約二點五公噸；淡季時，垃圾和資源回收物每天仍平均各約一公噸。

綠島每年花費近千萬預算，運送近千

綠島宛如天然海洋圖書館，可見各種稀奇生物，像是具有綠色嗅角及全身黑點的小草莓海蛞蝓(上圖)、體色半透明的美葉海蛞蝓(下圖)。　(攝影/Peggy Chiang)

用、位於海參坪一號的衛生埋掩場，當時挖坑並鋪設不透水布、集排水設施、廢氣集排設施、建圍牆等，目前綠島僅有這一個埋掩場，過去綠島垃圾都是就地掩埋，預計可用十年。但替代掩埋場地並不好找，所以從二〇一二年開始，綠島會將垃圾打包，以船運到台東，再由陸運送往高雄焚燒，但二〇一九年八月接獲高雄市政府通知，停收外縣市垃圾，逼得台東得重啟焚化爐，解決垃圾處理問題。

綠島則因近年落實資源回收，垃圾量減少，掩埋場還可延用幾年，但陳炳伸強調，掩埋場現在僅用於暫置、轉運一般垃圾和資源回收物，不增加掩埋的

噸垃圾，等於每一公噸垃圾需一萬元公帑才能消化，這還不包含資源回收物的處理。所以陳炳伸呼籲，旅人遊綠島可協助「多背一公斤」，帶資源回收物返回台灣，放置於台東富岡碼頭候船室的資源回收桶。然而，多數綠島居民仍以為睡美人那是垃圾掩埋場，以為資源回收物是載去掩埋，而不知已轉為暫置轉運場，環保局應加強說明，讓在地更理解，居民才不會以為資源回收是做白工。

綠島也面臨汙水處理問題，雖然中寮、南寮聚落有簡易的汙水淨化處理設施，但截流效果有限，且公館村民宿愈來愈多，海洋生態面臨威脅。除了人為汙染，全球暖化也讓珊瑚生長環境面臨

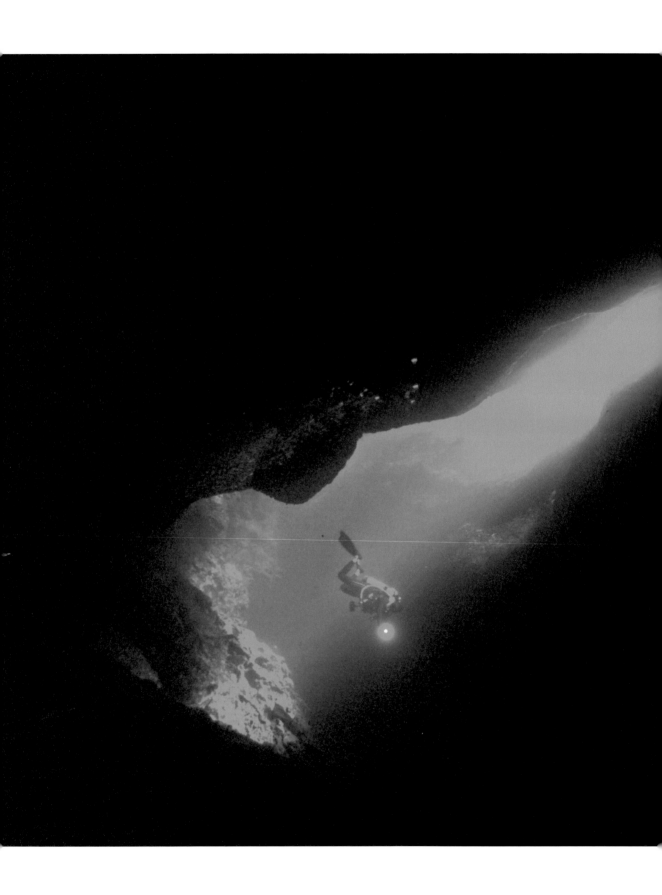

水中教堂洞穴因上方有一道裂縫，當陽光照下時宛如穿過教堂的彩繪玻璃窗，頓時讓光影變得迷幻美麗。（攝影/Tim Ho）

威脅，遭遇白化危機。

國際潛水天堂願景

綠島自一九九〇年送走最後一批政治犯後，畫入東管處範圍，觀光快速發展，根據觀光局統計資料，一九九〇年遊客量約十萬人，一九九七年衝到二十萬，隔年隨即再衝到二十九萬，二〇〇二年衝破三十萬，達三十三萬人。特別的是，此後十多年至今，綠島遊客量大多維持在三十多萬人。

東管處長林維玲表示，「其實綠島不缺遊客，重點應該放在環境生態的維護與永續，低碳與負責任的旅遊模式才是綠島要的，我們希望來到綠島的遊客，是對環境有認知、有責任感，綠島要朝向生態和環境教育的方向發展。」東管處近年也持續委託專家進行綠島生態調查，並建置「探索綠島」官網，介紹綠島自然旅遊資訊，有中、英、日版本，方便外國旅客。

但隨著潛水活動熱門，綠島潛水業者近年有增加趨勢，當地居民直言：「現在是綠島潛水業的戰國時代。」國際水中攝影師們也誠心提醒台灣政府，要做好海洋保育、海洋環境教育與海島遊憩規畫管理。大海之母長期默默包容人類的摧殘，睡美人能否洗去黑心，端視綠島如何落實永續觀光，人們是否真心愛土地、愛護海洋。◆

更深入精闢的訪談，就在《經典.TV》

守護達悟
海洋文化

蘭嶼
與海共生

巨大海扇與繽紛軟珊瑚交織於沉船上成群玻璃魚環繞其中，令人目眩神迷隨著近年觀光愈趨發達遊客遽增蘭嶼的自然環境與達悟文化面臨威脅如何在傳統與現代之間找到平衡也許是當代蘭嶼人最大的難題

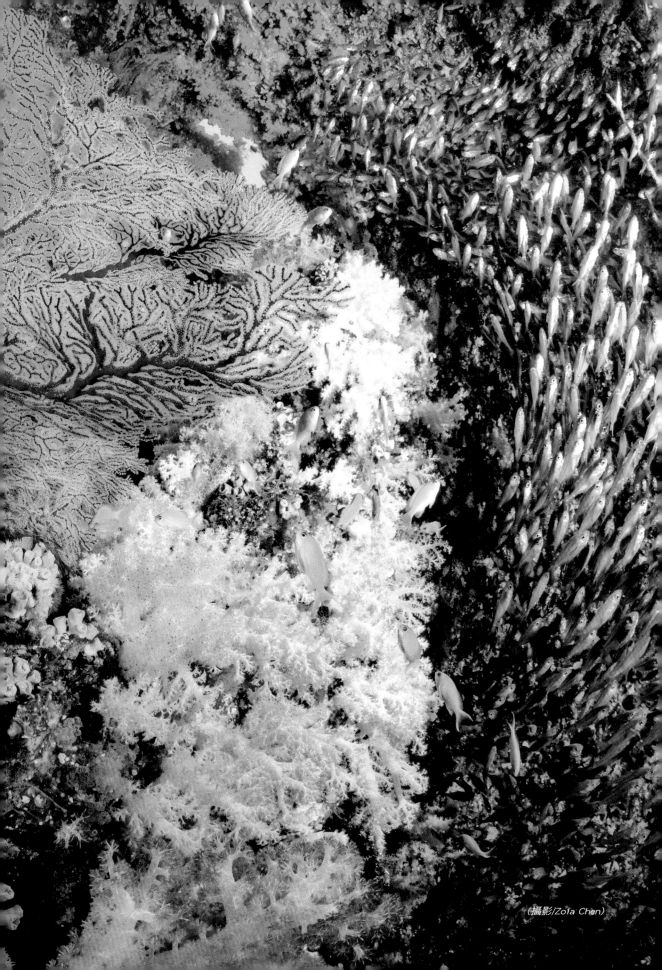

（攝影/Zola Chen）

全世界有許多沉船潛點，但很少有一個地方的海水能見度像蘭嶼這麼好，從海面上就可以看見斜躺在水下四十米的韓國籍貨輪「堡壘號」。

經過三十多年的歲月洗禮，斷裂成三部分的堡壘號船身已成為海洋生物的家，軟珊瑚、大海扇長滿船身，烏尾鮗魚群、金帶擬鬚鯛群、玻璃魚群各自盤據著不同的區域棲息或覓食，而船體結構依然穩固，技巧好的潛水員會跟著潛水導遊悠游穿梭其中，一探海底沉船的神祕面紗，這也是國內外潛水員到蘭嶼必定朝聖的潛點。

但此次前往蘭嶼潛水攝影和採訪，最讓我們興奮與感動的，不是依舊美麗的沉船，而是巧遇台灣難得一見的保育類魚類龍王鯛(亦稱曲紋唇魚、蘇眉魚、拿破崙魚)和少見的雪花鴨嘴燕魟。

跟著蘭嶼藍海屋潛水渡假村的老闆兼潛導強哥(達悟人，中文名楊振強)到東清軍艦岩附近船潛，從軍艦岩南邊緩緩下潛，才正準備游進水下獨立礁間探險，強哥就狂搖叮叮棒、發出聲響呼叫我們，只見一隻振翅超過一米長、身體布滿斑點、頭型獨特如鴨嘴的魟魚，急速從強哥身邊游走，那是潛水六年來，我第一次在台灣海域親眼看見活生生的雪花鴨嘴燕魟，過去大多是在澎湖的定置漁場看到奄奄一息的漁獲。

眼見牠消失在礁石間的水道，整潛約一小時的時間，我都心不在焉。強哥帶著我們拍攝比人還大的壯觀海扇，但我仍不時遠望海底深處，滿心期盼魟魚從遠方游回來。

韓國籍貨輪「堡壘號」於一九八三年行經小蘭嶼時觸礁，船身沉入八代灣水下四十米處。因蘭嶼海域能見度極佳，能將船體全景看得一清二楚。（攝影/李衍毅）

突然！我看見一片湛藍、開闊的海水中，有隻約一米長的生物在游動，我往前游近一點，隔著數十公尺的距離，確認牠就是被海洋研究人員宣稱全台灣僅剩不到三十隻的龍王鯛，我在海裡嚇傻了！這也是我第一次在台灣海域看見龍王鯛，趕緊拿出小相機拍攝，但太緊張了，手頻頻發抖，動作卻得要很慢、很鎮定，免得一個不小心，就會嚇跑了龍王鯛。

潛水愈久，愈明白海洋生物是否願意讓你靠近，取決於牠，而不是在你。

充滿驚奇的海底世界

蘭嶼是座火山島，位於台灣本島的東八代灣等，其中小八代灣更是許多海龜上岸產卵的沙灘。

島嶼周邊海岸線曲折綿延，周圍海底地形變化複雜，海岸線向外延伸數公里，水深即達上千米，蘭嶼的海中地形，就像它陸地上陡聳的山形般壯麗，還有許多峽谷、洞穴等，庶民常言：「山有多高，海就有多深。」強哥提醒，在蘭嶼經常是大深度潛水，即使是岸潛，緩坡下降也常超過十八公尺，因此建議最好已有進階潛水員資格再前往這些潛點。

蘭嶼島大、潛點多，每個潛點都有不同特色。「機場外礁」潛點，海中白鞭珊瑚、軟珊瑚皆多，魚群也多，海扇最

在這軸孔珊瑚左下方，還躲藏著一隻暗紅色的章魚(上圖)；蘭嶼人稱硨磲貝為五爪貝，貝殼大多崁入珊瑚礁中(下圖)。

(攝影/Zola Chen)

南方，從台東富岡漁港或屏東後壁湖漁港出發，約需兩個多小時船程，也可從台東搭機，受限於距離遠與天候因素，較不易前往，冬季更是經常面臨「關島」的狀態。但交通的不便利，也讓蘭嶼仍保有些許原始氣息與獨特的達悟族(雅美族)文化。

蘭嶼全島面積約四十六平方公里，是台灣第二大島，也因黑潮流經，海水溫暖清澈，水溫全年介於攝氏二十至三十度間，海水能見度動輒超過三十米以上，跟綠島一樣擁有「高清、玻璃水」的潛水環境。島嶼四周為裙礁岩岸，珊瑚生長繁盛，魚類更多達六百多種；少數屬沙岸地形，如東清灣、八代灣、小為密集且壯觀；「四條溝」潛點海域上方即為欣賞夕陽的著名景點青青草原，草原岬角延伸入海，形成海中聳立的峭壁，海流在此交會，產生上升流和下降流，非常刺激，有經驗的潛水員可在這兒享受放流潛水的快感！

在蘭嶼潛水處處充滿驚奇，不只有機會看到各種大魚：鬼蝠魟、鮪魚、隆頭鸚哥魚、牛港鰺、梭魚群等，還有許多特殊的小生物，二〇一九年夏天，Tec Only Lanyu潛水中心教練丁詠光在蘭嶼拍到丹尼斯豆丁海馬，經國際專家鑑定，確認是台灣首次正式記錄到丹尼斯豆丁海馬，引起潛水圈一陣驚呼。

此外，在蘭嶼潛水經常會有海蛇游在

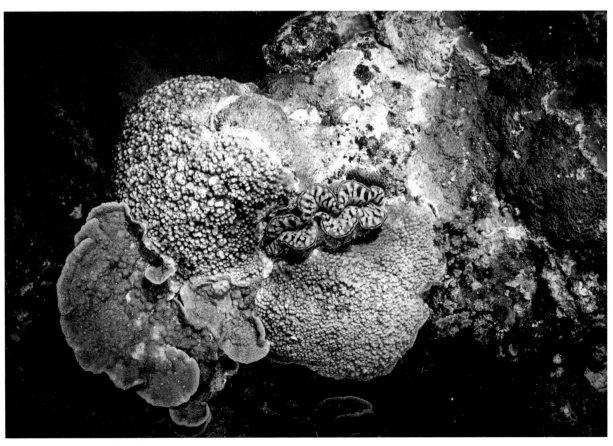

身邊湊熱鬧，這也是在台灣其他海域潛水較少見的情景，因海蛇是用肺吸呼，所以牠們不時得像海龜一樣到水面換氣。曾在蘭嶼專門研究海蛇的學者杜銘章指出，全世界海蛇約有六十種，在蘭嶼可見四種：黑唇青斑海蛇、黃唇青斑海蛇、闊帶青斑海蛇和飯島氏海蛇。我這次在蘭嶼單次潛水約一小時的時間，就看齊了四種海蛇。

杜銘章表示，雖然大部分海蛇是危險的，但蘭嶼這四種海蛇溫馴且毒液量少，威脅性不高，因此適合潛水觀察，甚至在潮間帶就有機會看到海蛇。不同種類的海蛇食性、個性也不相同，像是飯島氏海蛇只吃附著在礁石上的魚卵，黃唇和黑唇青斑海蛇專吃鰻魚，闊帶青斑海蛇則吃各種珊瑚礁的小型魚類。闊帶青斑海蛇個性害羞，黃唇青斑海蛇生性較好奇，夜潛時開著燈，很容易吸引黃唇青斑海蛇主動游近。杜銘章也感慨表示，海蛇為珊瑚礁區食物鏈的上層消費者，但近年蘭嶼海蛇數量愈來愈少，也是蘭嶼珊瑚礁生態環境惡化的跡象之一。

達悟文化面臨觀光衝擊

【海洋台灣】系列報導過許多國內外潛水勝地，我與大多數潛水狂熱分子一樣，到了潛水勝地通常是拚命潛水，把握每一次跳入海中欣賞海洋生態的機會。但這次在蘭嶼，深深感受到若只有潛水，真是太可惜了，蘭嶼的海中生物可能在其他潛場也能見到，然而蘭嶼陸上獨特的達悟文化，讓它如此與眾不

在蘭嶼潛水經常可見海蛇穿梭於珊瑚礁間，多數溫馴、無攻擊性。此為飯島氏海蛇，黑色與淡黃寬帶環繞身體，口中毒牙已退化。
(攝影/Zola Chen)

同，長久以來備受曬目。

達悟作家夏曼‧藍波安說：「達悟海洋文化的核心是飛魚。」島上還是有許多人跟著飛魚慶典祭儀的時間過活，每年國曆約二至六月的時間是飛魚季，正值洄游性魚類飛魚來訪的時節，蘭嶼有六個部落：紅頭、漁人、椰油、東清、朗島、野銀，各自祭典的時間都略有不同。傳統達悟人的生活一整年都與飛魚有關，沒有捕魚的時候，則會上山選木造舟；耕種的作物除了日常食用，也會用於祭典。

對於潛水客而言，飛魚季時從事潛水活動要更加謹慎，如傳統漁場不宜潛水，以免影響當地居民捕撈作業，但其實很多漁場就是潛場，哪些點能潛水、何時能潛，還是以詢問當地業者為準。近年蘭嶼觀光與傳統文化不時發生衝突，二〇一九年六月五日蘭嶼鄉公所甚至發出公告，指出凶海域常有船隻進行漁業活動，為維護人身安全，在自由潛水區域劃設完成前，禁止在蘭嶼海域從事自由潛水，引發熱議，但後續並無強力執法，宣告意味大於實質效力。

除了飛魚，達悟族對於海洋資源的利用也自有一套方法，如將魚類分為女人魚、男人魚和老人魚，比較不腥且較營養的大多是女人魚；達悟族在傳統上不會獵捕沒有鱗片的魚，如：鯊魚、鰻魚等。有本專書《雅美(達悟)族的魚》，便介紹每種魚在達悟文化中代表的不同意義與利用方式。甚至硨磲貝(俗稱五爪貝)也在達悟文化中具有特殊功用，族人會將五爪貝殼放在田裡、涼亭或自家門前避邪，燒製的貝殼灰則可作為拼板舟的顏料。

達悟文化其實有許多禁忌，過去部落長輩會口傳告誡族人，但近幾年觀光人數增多，每年有十多萬觀光客在四至十月間來到蘭嶼，不知情的外來客常不小心觸犯禁忌，如飛魚季時女性不能觸碰拼板舟，然而遊客見灘頭停放著美麗細緻的拼板舟，常好奇地走上前去觸摸。經過多年宣導，遊客現在已慢慢了解到，前往蘭嶼得轉換心情，像是去另一個國度，要入境隨俗，了解當地民情，避免觸犯禁忌。

觀光也一點一滴影響著小島的自然生態與文化，部落長輩說，每到夏天，海邊就多了許多「人」的味道，意指防曬油等非大自然原有的味道，而且防曬油也會汙染海洋、影響珊瑚生長。當地賣伴手禮的族人也做了許多角鴞飾品，過去角鴞是達悟文化惡靈的化身，但現在很多觀光客都會去夜觀角鴞，以前的惡靈如今成了賺錢的生態資源。

文化傳承備受挑戰

傳統地下屋是達悟生活智慧的展現，但遊客到當地切勿任意闖入地下屋，這如同私闖民宅，須在當地導覽員帶領下才能前往。

我們跟著野銀部落青年嘎嫩走進他們家的傳統地下屋，聽他訴說達悟族人蓋屋的智慧：一戶一戶地下屋沿著山腳斜坡延伸，所以每戶的排水甚為重要，不然會影響到其他人，而且每一戶的主屋還會交錯開來，讓大家都看得到海，蓋

丹尼斯豆丁海馬為台灣新紀錄種，目前在台灣僅曾現蹤於蘭嶼海域。(攝影/丁詠光)

一戶完整的地下屋十分不易，平均耗時五年左右。看他解說當地文化嚴肅謹慎的模樣，跟平常在野銀經營十一鄰酒吧時一派輕鬆的樣子截然不同。

嘎嫩的爸爸在野銀經營民宿十多年，他說：「遊客來蘭嶼的主要目的是感受我們的文化，如果我們的文化沒有了，風景被破壞掉了，客人也不會來了。」達悟文化的傳承，是透過一代傳一代，「我父親傳給我的，我也一定要教給孩子，但時代不同了，現在他們若不學，我也只能算了。」他坦言，現在跟以前不一樣，以前沒有需要用那麼多錢，但現在要花很多時間賺錢，孩子念書、繳手機費等都需要用錢，雖然希望孩子們回來蘭嶼，但也不希望蘭嶼被過度開發，「不能把文化滅掉！」

年僅二十多歲的達悟青年Si liwares(中文名廖嶼寧)，因為父母在台灣工作，她從小都是在台灣長大，二〇一八年七月回到蘭嶼，在椰油國小任教，工作之餘也開始以攝影專長記錄族人的生活，「達悟文化有很多是課本不會教的，要從家人那兒去學習。我希望自己拍攝家鄉的故事，而不是一直都是外面的人來拍蘭嶼的故事。」

她也學習母語，陪akes(外婆)到山上種田；她的akey(外公)是達悟耆老、總統府資政夏本·嘎那恩，甚至不在意她是女性的身分，主動要她幫忙記錄他抓魚的樣子。她說，「Tao」(達悟)是「人」的意思，她希望在台灣本島工作的蘭嶼人都可以回來，成為部落的傳承者與被傳承者。

然而，蘭嶼傳統文化面臨與現代文明的拉扯，例如都市的老師會說：「當夕陽下山的時候……。」蘭嶼的孩子卻回說：「老師，蘭嶼的夕陽是下海耶！」一般大眾的教材不見得適用於這裡。觀光、賺錢也大幅改變了蘭嶼人的生活，海岸邊現在隨處可見已蓋好或正在動工的大型民宿，Si liwares說：「大海被占為己有，不像以前大家都看得到。」

同樣在椰油國小任教的老師顏子喬，雖是台灣人，但已把蘭嶼當家、定居於此。他在蘭嶼教書多年，感受更深，由於網路和科技發達且愈加普及，孩子們對於傳統文化的價值觀也在改變，以前蘭嶼人自給自足，按照歲時祭儀就可以過活，但自從全球化浪潮興起後，對蘭嶼造成很大的衝擊，年輕父母忙於現代生活、賺錢，很多人也不再跟孩子說母語，達悟文化的家庭教育出現斷層，文化一點一滴慢慢流失。

他認為達悟文化的核心是「分享」，是一個「共享」的社會，例如族人一起出海捕飛魚，返航之後也會平均分享漁獲，不論誰出力多、誰出力少。但當利益掛帥，賺到的錢不會像以前出海捕飛魚時共享，「我擔心有些美德、核心價值會偏離，但我不是他們，我也沒有辦法去說些什麼，還好我的工作是教育，

蘭嶼陸上地形壯觀，水下也有許多獨特地貌：斷層、洞穴林立，其中「貝殼砂」是浮潛、潛水的熱門景點。

(攝影/Zola Chen)

法去說些什麼，還好我的工作是教育，可以教給孩子很多選項，讓他們自己做選擇。」

隨著觀光業日益發達，近年蘭嶼反外資的聲浪愈趨強烈，對蘭嶼人而言，來自蘭嶼島以外的資本即為外資。

推達悟幣，挺蘭嶼認同

時任蘭恩基金會執行長瑪拉歐斯表示，現在蘭嶼人大多從事旅遊業，也有許多台灣人到蘭嶼投資，但一條龍式的旅遊模式，加上許多台灣導遊不了解蘭嶼文化，胡亂解說，引起當地人反感，且外資若與當地社群沒有互動，更會讓人覺得：「他們就只是來賺錢的。」

嶼永續發展。

因此，蘭恩基金會和說蘭嶼環境教育協會、IDGO技術團隊合作，推出蘭嶼數位身分永續護照和社區貨幣「達悟幣」，希望運用區塊鏈科技促進部落經濟自主與永續發展，透過與友善蘭嶼及認同當地文化的業者合作，而且不管是不是蘭嶼人，只要認同蘭嶼的生活文化，就可以申請數位護照和使用達悟幣交易。

達悟幣交易所成員之一林詩嵐指出，一般人可能難以理解區塊鏈到底是什麼，其實可以把達悟幣的交易想像成Line Pay等行動支付模式，遊客必須先在智慧型手機上下載「蘭嶼永續護照錢

蘭嶼每年湧入十多萬遊客，旺季時開元港人車擁塞(上圖)。蘭嶼垃圾掩埋場久未清運，垃圾堆積如山(下圖)。

(上/Zola Chen攝；下/黃佳琳攝)

夏曼・藍波安說，島嶼的所有「氣質」是由還在抓魚造船、開墾種地瓜芋頭的樸實族人所形塑，是由他們撐起島嶼的尊嚴。他擔憂，觀光帶來的收益掌握在外來資本家手裡，「資本家未來若成為蘭嶼主人，這比核廢料更恐怖！」這是蘭嶼愈來愈難解的困境。

然而，若是沒有島民的合作或牽線，大多數台灣人也難進入蘭嶼從事觀光業。瑪拉歐斯表示，以前大多僅剩長輩在島上，但因為觀光發展，外流的人口有機會回到蘭嶼生活，旅遊業變成族人的商機，卻也可能成為毀壞蘭嶼的因素之一，人心因利益而有了摩擦衝突，部分島民也會過度消耗自然資源，不利島

包」(Tao Passport)APP，再到島上尋找交易所，以新台幣一比一兌換達悟幣，即可使用行動支付。但因系統尚在創設初期，尚未如想像中的方便。

林詩嵐無奈表示：「大家都還在觀望，在蘭嶼從事社會運動多年，我也習慣大家的觀望了，但蘭嶼是我的家鄉、我生長的地方，難道我們不能奉獻給它嗎？如果今天大家都只談『利』的話，蘭嶼的文化很快就可能毀掉的。」

他的哥哥、說蘭嶼環境教育協會理事長阿文(達悟人，中文名林正文)也說，觀光讓年輕人有機會回來，但他們回來不能只是忙著賺錢：做民宿、帶導覽、浮潛、潛水，也要想想該如何延續文

化，要參與文化祭儀，要了解自己的文化，遊客才會源源不絕地來，「如果回來只是忙著賺遊客的錢，那跟來蘭嶼賺錢的外資有什麼兩樣？當地人自己也變成外資啦！」

守護人間淨土，人人有責

「我們不是排外，只要你愛這個島，而不是讓蘭嶼資源快速耗盡的話，我們歡迎大家住在這個島。」阿文認為，蘭嶼是全球的縮影，他因為曾開機車行、雜貨店，發現廢油與垃圾的問題嚴重，因此從二〇一一年開始，在蘭嶼島上提倡廢油回收，後來甚至跟父親要了一塊原本種芋頭的地，用來處理島上資源回

法再埋垃圾，加上委外清運工作停擺大半年，雪上加霜，同屬台東縣的綠島也遭遇同樣問題，兩島半年累積超過五百噸的垃圾沒有處理，堆積如山。我即時將怵目驚心的垃圾照片公布在臉書上，呼籲自帶旅遊備品與餐具、減少製造垃圾，引發網友與媒體關注，單篇文章超過兩千七百次分享，觸及超過六十五萬人關心此事。

雖然垃圾委外清運二〇一九年五月下旬順利招標，但後續要從蘭嶼、綠島將垃圾運回台東處理並不容易，台東縣環保局副局長陳炳伸指出，「船運是離島垃圾清運最大的難題！」因為原本往返蘭嶼、綠島的貨船就不多，平常以運

野銀部落仍保有少數完整的地下屋聚落，是蘭嶼珍貴的文化資產(上圖)；阿文(右)打造「咖希部灣」寶特瓶屋並作為環境教育場域，曾展出Si liwares(左)外婆(中)與外公的日常生活照片(下圖)。

(攝影/Zola Chen)

收而來的垃圾，並命名為「咖希部灣」(kasiboan)，達悟語意指堆垃圾的地方。

二〇一六年透過奧美廣告團隊的創意協助，讓人看見這個堆滿垃圾的「景點」，藉此喚醒人們的環境意識。近年阿文與一些志工蒐集了許多寶特瓶作為建材，並自己打水泥，在咖希部灣蓋起了一棟寶特瓶屋，現在成了阿文推廣環境教育的場域，他的姪女Si liwares和幾位部落青年拍攝並累積了不少蘭嶼相關照片，也在此開設攝影展，讓更多遊客可以了解蘭嶼面臨的環境與文化問題。

二〇一九年起蘭嶼的垃圾問題更是嚴重！蘭嶼垃圾掩埋場在已達到飽和，無

送民生補給品為主，加上載運垃圾有清潔衛生疑慮，因此船家載運意願低。旅遊旺季時，蘭嶼、綠島每日各產生超過兩噸的垃圾，但蘭嶼一整年僅運出一百二十多噸垃圾，綠島更少只運出五十多噸垃圾，清運量遠遠低於兩島全年的垃圾量，環境問題令人憂心。

其實，台東縣十六個鄉鎮市有十三座垃圾掩埋場，其中七座已達飽和，且台東垃圾常年送往外縣市焚化爐燒，但每天產生的垃圾量，遠多於能送往外縣市焚燒的量，緩不濟急，最後迫於各掩埋場陸續飽和、垃圾難處理的壓力下，台東縣最快將在二〇二二年將重新啟用縣

內焚化爐。

　　但是，垃圾一旦產生就得處理，卻都很難徹底解決，掩埋場總會有滿的一天，滿了要另外找地也不容易，焚燒也會有空汙疑慮和底渣產生，因此，唯有「源頭減量」、減少製造垃圾才是根本！

　　陳炳伸也呼籲，民眾要落實垃圾分類，讓資源回收物被妥善回收，以達到垃圾減量的效果，並在二〇一九年採購壓縮打包機進駐蘭嶼、綠島，把外運垃圾的體積變得更小，讓船班能載運更多的垃圾出島，多管齊下，希望真能減緩離島垃圾問題的壓力。

　　《海洋台灣》讓人看見台灣海洋的美麗與哀愁，見證觀光旅遊並非僅是無煙囪、零汙染的產業，發展觀光業的離島普遍面臨「人潮、垃圾、廢水」等問題：島民為了賺觀光財，希望吸引更多人潮，然而更多人潮就帶來更多垃圾，也帶來更多排放進大海裡的生活廢水，離島普遍未設有汙水處理廠，加上海漂垃圾，內憂外患夾擊，看似世外桃源的人間淨土，其實早已暗藏隱憂。

　　也許就像環保人士安娜‧拉佩(Anna Lappe)曾說：「我們每一次的消費，都在為我們想要的世界投下一票。」想要什麼樣的世界，從你的「選擇」開始改變——做一個友善土地與海洋的旅人，支持與認同在地文化，讓我們珍愛的旅遊勝地，還能保有他們想望的樣子。◆

更深入精闢的訪談，
就在《經典.TV》

招魚祭(Mivanwa)是達悟文化中最具代表性的慶典之一，全村男性都須到海邊祈求漁獲豐收。(攝影/Si liwares)

（攝影/蘇淮）

澎湖群島
漁業轉型

傳承
海洋之心

西吉嶼「藍洞」水下美景令人驚豔

二〇一四年澎湖南方四島國家公園成立

在地漁人帶領記錄台灣海洋種原庫生態

近年隨著澎湖觀光蓬勃發展

如何在經濟發展與生態保育間取得平衡

考驗著政府與人民的智慧

馬爾地夫群島有「灑落印度洋上的珍珠」的美稱，而台灣也以群島著稱、有九十座島嶼的澎湖，堪稱台版馬爾地夫，是台灣海峽珍貴的海上明珠，其中，又以二○一四年成立的澎湖南方四島國家公園海洋生態最為豐富，被視為台灣海洋種原庫。

澎湖南方四島國家公園是近幾年台灣新興的熱門潛場。南方四島是指位於澎湖南方海域的東嶼坪嶼、西嶼坪嶼、東吉嶼、西吉嶼，國家公園範圍還包含四島周邊的頭巾、鐵砧、鐘仔、豬母礁、鋤頭嶼等附屬島礁與海域。

澎湖島多、暗礁多，加上大陸沿岸流、黑潮支流、南海暖流以及季風變換，造就島嶼周圍海流與海水溫度變化複雜。東西吉廊道是南方四島的明星潛點，位於東、西吉嶼中間海域，平常海流十分強勁，光是坐船橫渡水面就已波濤洶湧，所以潛水更得算準潮汐轉換的平潮時段，趁海流較弱時迅速下潛，經驗豐富的潛水員較適合前往。

南方四島海洋種原庫

在潛進南方四島前，我已潛過台灣主要的幾大潛場：東北角、墾丁、小琉球、綠島、蘭嶼，深深理解為何許多潛友們形容台灣是「寂靜的珊瑚礁」，水清無大魚的窘境，總是讓我心酸。

但當我跳下東西吉廊道後，看著海中滿滿的烏尾鮗魚群，被數十隻紅魽魚群追捕獵食，烏尾鮗魚球瞬間變換隊形，彷彿探索頻道(Discovery)海洋生態美景就在眼前真實上演！另外還可見銀紋笛鯛、四線雞魚，石鯛，條紋胡椒鯛等魚群，見證台灣海裡還有大魚群，讓我感動得差點飆淚。

另一個同樣看大魚群的潛點東吉之狼，則聚集了數百隻斑條金梭魚群(梭魚亦稱海狼，潛點因此命名)，魚貫猶如梭魚列車，每隻都一米長、跟手臂一樣粗，牠們熱愛頂流，偶爾還會出現黑邊鰭真鯊混入其中，梭魚、鯊魚泳姿都極為優雅，頂流像呼吸一樣輕鬆，和潛水員狼狽頂流的模樣截然不同。

為了一探海狼群的壯觀，我在船上聽著船長阿弘說水下一節流(時速一點八公里)、兩節流(時速三點六公里)，還是得義無反顧的往下跳，吐出來的泡泡都瞬間平行飛走，貼在「海底攀岩」閃流、頂流，才能貪一眼欣賞梭魚列車的雄偉，這也是高級強流潛點，不時還會有瞬間超強流來襲，若是手沒抓好，就會立刻和自己的氣泡一起飛走。

但澎湖南方四島也不全是高級潛點，也有浮潛就能欣賞的海中薰衣草森林，位在東吉海域，整片如籃球場般大的紫色美麗軸孔珊瑚，非常夢幻。不只東吉珊瑚多，南方四島海域珊瑚覆蓋率驚人，根據環境資訊協會二○一九年珊瑚礁體檢成果，東嶼坪西、南側和西嶼坪南側，活珊瑚（石珊瑚與軟珊瑚加總）覆蓋率介於百分之五十七至七十三之間，屬於國際標準「優良」等級。

南方四島國家公園未成立前，二○一三年夏天，我就已跟著島澳七七潛水俱樂部老闆葉生弘(阿弘)前往東西吉嶼浮潛、登島，當時還不會潛水的我，光

東嶼坪嶼和西嶼坪嶼(左上)隔海相望,島上古厝聚落多為傳統閩式建築,山坡上由咾咕石砌成的「菜宅梯田」(圖右上角)是過去當地居民種菜的菜園。　　　(攝影/顏松柏)

澎湖縣

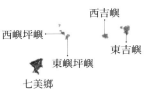

望安島 ← 將軍澳嶼

西吉嶼

西嶼坪嶼 ←

東吉嶼

東嶼坪嶼

七美鄉

浮潛欣賞東吉嶼覆蓋率極高的石珊瑚群，與西吉嶼每朵至少一公尺以上的杯形肉質軟珊瑚，就已為之驚豔稱奇！

但早年想欣賞這些海中美景可沒那麼容易，幾乎沒有交通船前往南方四島，阿弘是專程從澎湖南海將軍澳嶼開船載我去，我也是因二〇一三年在將軍澳首次嘗試體驗潛水，從此一頭栽進浩瀚的海洋世界中。此後每年我也幾乎都會回到澎湖、將軍澳、南方四島旅遊。

東吉嶼位於「唐山過台灣」黑水溝要塞，加上漁業資源豐富，過去曾風光一時，但近幾十年來受到產業結構轉型、交通不便造成物資補給不易等影響，人口逐漸外移，國家公園成立前，僅剩頹圮的古厝聚落與少數居民，時空彷彿凍結在六〇年代的台灣。

國家公園成立後，遊客蜂擁而至，東吉嶼也陸續有民宿落成，雖然生活機能尚不便利，但在島上住幾晚，過了遊客喧囂的時間，其實東吉很清幽，沒事就去薰衣草森林浮潛，十分愜意。除了東吉因觀光發展，陸續有居民回流，東嶼坪和西嶼坪都剩沒多少人，西吉嶼更早已遷村成為無人島。

而經營南方四島海域浮潛、潛水的業者，大多是從馬公開船前往，船程約需一個多小時，但島澳七七是專營南方四島潛水的店家，阿弘是將軍澳漁家子弟，過去以潛水打魚為生，南方四島也是他的獵場之一，對於這裡的潮汐、海流、海中地形十分熟悉，近年轉型從事休閒潛水觀光業，成為帶領遊客潛游探祕的先鋒。二〇一八年我再回到南方四

澎湖高級潛點「東吉之狼」水流超強，但可見動輒一米大的斑條金梭魚，群游列隊如百公尺長的列車，頂流前行，十分壯觀。

(攝影/Peggy Chiang)

島潛水，阿弘也從過去帶人潛水的潛水導遊，轉為接替船長父親的工作，掌舵駕駛他花千萬打造的潛水船傳奇號，並開發新潛點：東吉之狼看梭魚群、七美潛入沉船凌雲艦，幸運的話甚至可見跟人一樣大的黑邊鰭真鯊、邁氏條尾魟，還有連在國外潛水都很罕見的龍紋鯵，南方四島海洋種原庫的生態價值，逐漸為人所見。

返鄉非法電魚討生活

讓更多人知道澎湖南方四島海域有驚人的海中生態，葉生弘功不可沒。在認識他之前，我也像大多數人一樣，覺得如果台灣漁業枯竭，漁民大可轉型做觀

晚上至少賺一萬，每晚兩、三萬是常有的事。」電魚打魚賺錢快，時薪百元的工作，他根本看不上眼。

什麼是「咬管」？就是海底電魚的漁夫在水中呼吸僅靠一根百米長的管子，連接漁船上的空壓機打氣，把空氣輸送給海中漁夫，阿弘說：「生命就牽在這根管子上！沒有一般休閒潛水會有的裝備，沒有BCD(浮力控制背心)、一級頭、電腦錶、指北針，只有一個二級頭接著管子，還是摩托車店在灌輪胎的那種管子，戴個深度錶，沒有人教，看大人怎麼做，就跟著跳下去。」在水下電魚時，漁夫必須十分留心自己的行進路線，避免管子纏繞打結發生意外。

從事潛水旅遊業的葉生弘曾是打魚好手，手上的魚槍是維生的重要利器(上圖)；楊馥慈和夥伴推動澎湖石滬調查與修復(下圖)。　　　　(上/顏松柏攝；下/潘信安攝)

光，但從阿弘身上，我深刻感受到漁民轉型不易。

一九八〇年出生的葉生弘，二十三歲當完兵就回將軍澳，僅僅花了七個月，就靠電魚賺到了他人生的第一桶金：一百萬。從小在二級離島將軍澳長大的他，練就一身好本領，國中就一個人去自由潛水(沒有背空氣瓶等裝備)，拿魚槍打魚、徒手抓龍蝦、採貝殼、挖瘤鮑螺樣樣行，國中畢業靠著賣海鮮，存了十幾萬到台灣念書生活。

別的高中生打工可能是到餐飲業工作，但高中放長假時，阿弘就會回到將軍澳跟著父親或其他船長出海，從事非法咬管電魚，他稀鬆平常地說：「一個

捕抓大海資源做的幾乎是無本生意，「本就是我自己的身體！」但阿弘也看到將軍澳島上許多長輩、同輩得到嚴重的潛水夫病，有人甚至因此過世，或因違法被關、罰很多錢，問他為何要鋌而走險？他淡然地說：「不然能做什麼？我這一代，如果還留在將軍島上，大概都是這樣過程起來的。」

為了賺錢討生活，不惜拿命跟海龍王交換，「打魚一個月至少可賺二十萬，每年最少『存』兩百萬。」為了在最短的時間內、打到最多的魚，他將魚槍板機卡住，節省扣板機時間，可以更快連續擊發，他甚至誇口：「每種魚的習性不同，只要魚從我眼前游過去，我就知

道那是什麼魚、價值多少錢，貴的魚我才打，打便宜的魚是浪費體力。最好能打中魚的腦幹或脊椎，一槍斃命，幾乎看不見傷口，漁貨價格才會高。」

但他知道打魚電魚無法做一輩子：「職業打魚看不到未來，看著身邊的人一個個都出事，也會擔心哪天換我。」阿弘拚命賺錢、存錢，為未來轉型打底，二〇〇四年回鄉賺到第一桶金後，他就開貝殼館，展示與販售他收藏的各種特殊貝殼，隔年與陪他返鄉打拚的女友龔淑淨結婚，並在無名小站部落格寫文章，分享將軍澳生活，數年累積超過百萬人次瀏覽，許多人因為他才知道台灣有將軍澳這個二級離島，他也開始偶

水，砸錢建置打氣設備在將軍澳，他也改以風險相對低的氣瓶打魚方式漁獵。隨著島澳七七名聲愈來愈響亮，阿弘持續打魚也備受爭議，二〇一六年起他決定不再打魚，並出國潛水旅遊觀摩，潛遍帛琉、埃及紅海、印尼四王群島、班達海、馬爾地夫、菲律賓、日本與那國島、泰國等，到處去看他國業者如何操作潛水旅遊。

回鄉十多年，阿弘從非法咬管電魚，到帶領各國潛客潛遍南方四島海域，他深深感受到漁人轉型賺觀光財十分不易！「以前打魚只要顧好自己，但轉型，不只是要『服務』客人，還要管理員工。」

澎湖東西吉廊道海域常見許多經濟性魚種，如成群的黃雞魚(上圖)；馬公鎖港海域設有結合拼貼與推廣珊瑚復育的海底郵筒(下圖)。　(上/Marco Chang攝；下/京太郎攝)

爾帶遊客浮潛或潮間帶導覽，奠下轉型休閒觀光的基礎。

打魚瀕死促轉型觀光

自從成為「職業」咬管電魚人後，阿弘開始得到大大小小的潛水夫病，輕則起潛水斑、皮下氣腫，重則差點死亡，二〇〇八年最嚴重的一次潛水夫病，全身產生大面積的潛水斑，身體嚴重內出血、視線和聽力逐漸模糊、血便，血壓剩不到五十，凌晨三點半父親緊急開船送他到馬公治療，他還在再壓艙裡昏迷，還好最後被成功救回。

但為了賺轉型金，他仍持續電魚打魚，直到二〇一四年才轉型經營休閒潛

國家公園僅開放四至九月可申請潛水，阿弘說，休閒潛水投資大，賺錢比打魚慢，不像打魚低成本、高利潤、高風險，「但做休閒潛水還有未來，至少我現在是帶領澎湖的潛水產業在前進。」也還好他轉型了，否則國家公園成立後更難計得失。

隨著澎湖南方四島國家公園成立，國家公園警察隊也進駐東吉嶼，關鍵人物澎湖南方四島國家公園警察小隊長蕭再泉，曾在墾丁國家公園以推行海洋保育聞名，落實執法不手軟，但也因為太「盡忠職守」，被迫調離墾丁。

終於，在他二〇二一年退休前，再度調到與海相關的領域，他大可求個

壯觀的東吉嶼紫色美麗軸孔珊瑚礁，潛水
員稱其為「海中薰衣草森林」。

（攝影/京太郎）

繽紛的澎湖海洋世界

許多台灣各地逐漸稀少的海洋生物，在澎湖卻很常見，如：外型霸氣的龍鰻(右上)、常被捕捉做成飾品的鉛筆海膽(右下)、高經濟價值的老鼠斑(上圖)，海蛞蝓的種類也很特殊，且體型較其他海域來得大，百香果海蛞蝓可達七公分(左下)，另有昂貴的龍蝦(左上)。

(攝影/林音樂)

安全下莊，但他從七年墾丁經驗中明白：「只要落實執法，海洋就恢復得很快。」於是從二〇一四年十月進駐南方四島以來，他陸續嘗試解決澎湖海域長年存在的非法漁業問題。

取締非法漁業護生態

在他到東吉的隔月，就發現多艘大陸兩百噸滾輪底拖網鐵殼船停靠東、西吉嶼避風，東吉二十九艘，西吉十三艘，大陸漁船靠岸避風還會順便底拖台灣海域，侵門踏戶越界捕魚，當地人無奈的說，這情形已存在二十年以上，最多還曾有近兩百艘大陸漁船同時在南方四島海域。國家公園雖然也有巡邏艇，但僅

執法的決心。」他還曾去東嶼坪埋伏六天，才將電魚漁船人贓俱獲。

蕭再泉甚至將南方四島海域作業漁船拍照建檔，做了一本漁船資料，方便巡守。但南方四島國家公園面積達三萬五千多公頃，比台北市還大，國家公園警察隊卻只有六名警力，十分吃緊。

雖然蕭再泉執法看似不近人情，但他真正開出的罰單並不多，大多先不厭其煩地勸導，他說：「落實執法、做好海洋保育，漁民其實也會受惠，希望能兼顧海洋保育與漁民生計。」

澎湖南方四島國家公園主管機關是海洋國家公園管理處，海管處處長徐韶良也表示，為兼顧當地漁民生計，南方

二〇一四年數十艘大陸鐵殼船在東吉嶼越界非法捕魚(上圖)；國家公園警察隊小隊長蕭再泉(右)與同仁出海執勤(下圖)。 *(上/蕭再泉攝；下/顏松柏攝)*

十噸，面對動輒兩百噸的大陸鐵殼船，根本沒轍。

蕭再泉將「越界盛況」照片上傳個人臉書，引起網友群情激憤和媒體關注，甚至驚動總統，指派海巡署出動護漁，因漁船越界屬於海巡權責，國家公園警察是以取締毒電炸魚為主，經雙方積極合作，有時可見效，驅離越界非法漁船。但每年仍不時發生越界捕撈情況，台灣漁民苦不堪言。

台灣這頭也不時有害群之馬，有漁民違法在國家公園海域放底刺網，蕭再泉曾守在網旁看顧一整個晚上，但網具主人擔心被抓，一直到白天都沒人敢來收網，「這讓違法漁民知道國家公園警察

四島海域許可季節洄游性漁業和採紫菜等傳統漁業活動。不過部分保育人士倡議禁漁或限縮漁權，引發漁民與保育人士、政府衝突不斷。

除了漁業管理，遊客激增也令人憂心。這幾年看著南方四島從荒蕪破敗，到成為澎湖南海最熱門的新興旅遊路線，西吉嶼玄武岩海蝕洞「灶籠」，因為「藍洞」美照紅極一時；也見東吉從人煙罕至的三級離島，到國家公園成立後，新民宿陸續落成，天天都有巡航旅客，但人潮也帶來垃圾、生活廢水等問題，偏遠離島垃圾清運更不容易。

但其實南方四島的情況，也只是澎湖的縮影。隨著廉價航空崛起，台灣人出

國愈來愈方便，到澎湖旅遊的花費與出國無異，影響遊客赴澎意願。雖然旅遊人次並未下滑，但民間一片哀嘆，感到不景氣，就連砸大錢舉辦花火節，甚至加碼加放也不見起色，許多人已開始質疑，放煙火增加空汙，又與澎湖特色無關，是否需要年年燒錢舉辦？

觀光帶來錢潮與問題

即使時代進步，澎湖公部門發展觀光仍處於舊思維，以開發、辦各種大型活動為主，卻沒有看見澎湖最珍貴且獨一無二的特點：自然生態。

澎湖的觀光發展常一不小心就走歪，大倉媽祖文化園區一度是澎湖最大的觀光投資案，引發地方紛爭，歷任縣長政策反覆，二〇一一年王乾發縣長執意斥資五億五千萬興建；二〇一五年陳光復上任縣長緊急喊卡，已進行的三億工程認賠；二〇一九年賴峰偉再度就任縣長後，重啟大倉媽祖案，拍板定案原址續建。多年來居民不勝其擾，而破壞的環境也已回不去了。

二〇一三年公部門人員曾帶我去看澎湖「摩西分海」奇景，其實就是陸連島奎壁山，在退潮時連接赤嶼的潮間帶會慢慢顯現，我當時嗤之以鼻，想說這樣套用《聖經》故事，卻與澎湖毫無文化關聯的行銷包裝應該不會紅吧，沒想到多年後，摩西分海成了澎湖熱門景點，澎湖國家風景區管理處還在周邊建置停車場、廁所、垃圾桶、遊客中心等，甚至還曾請來專人扮演摩西，娛樂遊客。

聽當地人說，奎壁山潮間帶以前生態很豐富，可以在這釣魚、照海(澎湖潮間帶夜間採集)，但現在一天最多會有三千人踩踏，潮間帶上都是人，看不到礫石，被戲稱是「摩西分人海」，礫石灘也被踩平，少見魚、蝦、蟹等，當地居民大嘆生態大不如前。雖然目前主管機關已介入積極管理，但觀光單位在推廣景點前，就應想到相關配套與管理，而不是等到危害生態才不得不處理。

為搶救澎湖日益枯竭的海洋資源，澎湖縣長賴峰偉推出「海洋活化十二箭」：從管制內海汙染源、維護漁業秩序、復育海洋資源三大面向著手，如：增建汙水處理系統、海上平台禁止排放廢棄物、限期禁捕、定置網和刺網實名制、立竿網具管理、無籍船合法化、淨海、棲地復育及種苗放流等政策，不過漁民、業者反彈大，能否逐步落實推行，有待檢驗。

澎湖以成為世界最美麗海灣組織(The Most Beautiful Bays in the World, MBBW)會員為傲，二〇一八年世界最美麗海灣組織國際年會在澎湖舉辦，台灣從中央到地方卯起來燒錢宣傳、砸錢辦活動。澎湖的確有世界最美麗海灣，潔淨金黃的沙灘加上碧海藍天，美景完全不輸馬爾地夫。為了讓遊客看見漂亮的沙灘，政府都有顧人清理旅遊景點的沙灘。

賴峰偉上任後，也動員許多地方居民瘋狂淨灘，光二〇一九年就淨灘清出三百公噸垃圾。但在遊客看不見的部分沙灘，才是澎湖的真實樣貌，尤其冬天東北季風狂吹時，澎湖各島的東北面都會積滿海漂垃圾，寶特瓶甚至在沙灘上

藝術家唐采伶每天都到海邊撿垃圾，並將其改造成裝飾品。遍布垃圾的沙灘看來怵目驚心，提醒人們須關注海洋環境。

(攝影/顏松柏)

堆積高過膝蓋，十分驚人！

唐采伶(唐小三)是在澎湖專門撿海洋廢棄物改造成裝飾品的藝術家、攝影師，她從二○○二年開始年年赴澎湖旅遊，二○一五年起便移居澎湖，因地緣之便，她天天去沙灘上撿垃圾，像尋寶一樣，發現在澎湖可以撿到各種海漂垃圾：燈泡、浮球、各種一次性用品、鞋子等，「日常生活用得到的，在沙灘上都撿得到，而且澎湖海漂垃圾來源非常國際化，各國都有。」

她也從一個人慢慢撿，到現在有一群「藝」工隊跟著她一起改造海廢、宣傳減塑，她以柔性、有趣的方式，取代批判，讓更多人願意了解地球面臨的問題，「我們日常使用一次性塑膠用品不過幾分鐘，但它至少得存在地球上百年，回收還得花費更多力氣去處理。」

唐小三認為澎湖觀光面臨轉型，不能像一次性用品一樣，僅是一次性的觀光消費、消耗資源，而是要慢遊、深入，才能夠讓人感受到真正的澎湖之美。

修滬人與海的連結

澎湖另有一項世界之最：石滬！澎湖石滬型態分為弧形、單心滬房(集魚構造)、雙心滬房，全世界石滬多為弧型，心型石滬全球僅兩千多座，但澎湖六百多座石滬中，就有將近一半是心型石滬，密度堪稱世界之最。

但隨著漁業科技進步，被動式漁法石滬也逐漸沒落，許多石滬跟古厝一樣毀壞頹圮，擅於修葺石滬的老師傅們也逐漸凋零，為了延續澎湖傳統海洋智慧與工藝，澎湖青年曾宥輯和楊馥慈推動石滬修復計畫，號召青年與遊客，一起跟老師傅們學習修滬與認識石滬。

曾宥輯說，過去擁有石滬的就是大戶人家，像擁有一幢古厝般珍貴，一口石滬就能養活好幾家人，是數個家庭一起蓋滬、維護、捕魚，以前魚多到整個滬房滿滿都是魚，但現在已很少見了。

石滬更是澎湖人傳統海洋智慧的呈現！早期澎湖以務農和漁業為主，蓋石滬大多是利用秋收農忙之後，頂著冷凜東北季風建造。少數仍了解修葺石滬各環節的老師傅洪振坤說，石滬可不是說蓋就蓋，在蓋之前，要先準備建材，挖海裡的珊瑚，曬一、兩年成咾咕石，或是運用人工搬運岸邊玄武岩大石至沙灘、海裡。蓋之前，得先觀察潮汐、海流，蓋對了才捕得到魚，有時候甚至得觀察數個月才能動工，一座石滬從開始做到完成，至少得耗費七、八年，非常不容易。

特別的是，澎湖除了七美有雙心石滬，宥輯和馥慈透過空拍進行石滬普查，讓更多美麗的心型石滬能被看見，彷彿海洋之心般美麗，在茫茫大海中，難以想像過去澎湖先民究竟是多麼堅毅與如何運用海洋智慧，才能在大海中建造屹立不搖的石滬，壯觀的景象，完全不輸歐洲歷史遺跡。

馥慈也是在做調查的過程中，才發現原來自家也有一座石滬，「我就是澎湖青年與海斷連的實例！」所以他們希望透過修復石滬，修補人跟海洋的關係，喚醒大家的海洋意識，也盼以此延續、

修滬工藝

石滬展現澎湖漁民的智慧(上圖)，從觀察潮汐、選點到建造都是專業(右圖)，但隨著捕魚技術的進步，石滬已漸被取代。當地青年為不使傳統工藝失傳，向老師傅學修石滬(下圖)。 (攝影/曾宥輯)

分享澎湖人的海洋智慧。並從這過程中，她和宥輯也找到自己人生的使命。

其實不管是唐小三撿垃圾，或是宥輯、馥慈修復石滬，他們做的事，是永遠也撿不完的垃圾、修不完的石滬，但他們仍覺得非做不可！

當時才大學四年級的馥慈說，她做社區營造、走進社區，認識許多依然使用過去的農、漁法生活的澎湖村民，讓她看到以前與自然共處、順天敬地、腳踏實地的精神，深深感到佩服與感動，和長輩們有學不完的事，但也擔心時間流逝得太快，怕來不及……。

她說：「過程中，看見擁有傳統技能的老一輩，希望他的後代千萬不要跟他學這些(修石滬)，會沒出息，而留下來還在村子裡、還有這項技能的後代，則是會感到自卑，或是認為這沒什麼，而無感，甚至希望過上好一點的日子後，便拋棄這些祖先留下來的生活智慧。我希望的澎湖是，有一天所有人都可以不再選擇遺忘與遺棄這些傳統技藝、記憶，而是以它們感到驕傲，進而珍惜與尊重這些文化資產，包括傳承與創造資產的耆老們。」

從一位年輕女孩身上看見她心中的理想澎湖，再想想澎湖各種光怪陸離的亂象，不禁讓人感慨萬千，但也因為澎湖仍有這些有心人守護，相信它依然能如海上珍珠般璀璨耀眼吧！　◆

更深入精闢的訪談，就在《經典.TV》

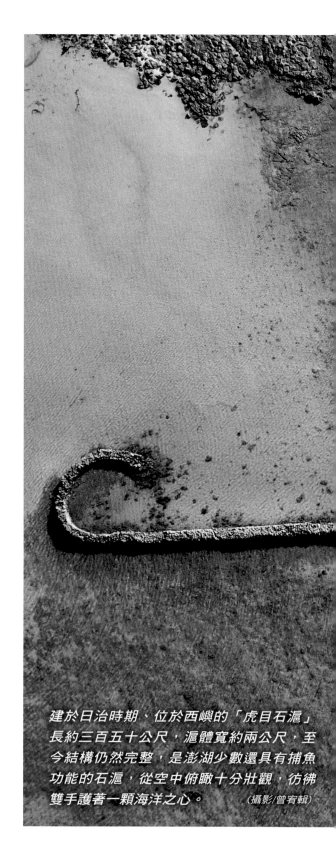

建於日治時期、位於西嶼的「虎目石滬」長約三百五十公尺，滬體寬約兩公尺，至今結構仍然完整，是澎湖少數還具有捕魚功能的石滬，從空中俯瞰十分壯觀，彷彿雙手護著一顆海洋之心。（攝影/曾宥輯）

東沙環礁
生態旅遊

南海指環

觀光難題

滿滿的金帶擬鬚鯛穿梭在水下鍋爐旁

這是位於環礁邊上的「東沙一號」沉船

因東沙海域暗礁多，常有船隻擱淺觸礁

是世界上沉船遺址最豐富的海域之一

今科技發達，沉船潛水深具觀光價值

東沙的美麗海洋，國人何時才能造訪

（攝影/蘇淮）

「島遠心近」是東沙著名標語，但實際是國人一直無緣造訪，因軍事管制而蒙上神秘色彩。但近年呼籲東沙開放生態旅遊的聲音不斷，因此二〇一九年四月，我與攝影師蘇淮有幸跟上台灣首次東沙船宿潛水，一探這神祕的海域。

東沙島、東沙環礁及周邊海域為東沙環礁國家公園範圍，二〇〇七年劃設，屬於海洋型國家公園，海陸面積總共超過三十五萬公頃，比其他八座國家公園加起來還大，距離台灣本島西南方約四百五十公里遠。形狀近乎圓形的東沙環礁，有「南海指環」之稱，而東沙島則彷彿鑲嵌在指環上的寶石。

東沙環礁直徑約二十五公里，全長四十六公里，礁台寬約兩公里，擁有珊瑚礁、海草床、礁岩和泥沙等多樣化的底質環境，環礁內部的大潟湖，除了近中央區域深達二十四公尺，其餘區域深度多在十六公尺以內。環礁西北角與西南角有兩處缺口，分別為北水道、南水道，水流強勁。因為東沙是孤懸南海北部唯一的大型珊瑚環礁，造就它獨特的生態，已知珊瑚種類三百多種、魚類達七百多種。

四月三日晚上，我們先住進嘉信遊艇停泊於高雄二十二號碼頭的維多利亞七十六號上，等待隔天一早六點與潛水員、教練、工作人員等一齊出發。船宿，顧名思義就是住在船上，在國外絕美海域常見船宿潛水旅遊方式，以節省定點往返的時間，更能深入探訪人煙罕至的海域，如：印尼四王群島、菲律賓圖巴塔哈群礁自然公園等。

台灣過去海洋活動較不盛行，未見船宿潛水旅遊模式，大多以定點搭船潛水當天往返居多。遊艇製造業者龔俊豪近年因為愛上潛水，家族又是從事此業，於是打造了台灣首艘、也是目前在台唯一一艘可供船宿潛水的遊艇，住宿空間約四至六人一間，最多可睡二十六人。

近年學者不斷呼籲東沙開放觀光，希望藉此宣示主權、保護海域生態、驅離越界捕撈的外籍漁船。國外也有類似做法，如南海有主權爭議的彈丸礁，馬來西亞稱它為拉央拉央（Layang Layang Island）島，在島上派軍駐守，並蓋潛水度假村，如果全世界的旅人想去潛水看槌頭鯊，都得經過馬國進出，等於間接認同主權歸屬。

二〇一八年十月底，行政院政務委員唐鳳召開開放政府第四十次協作會議，討論東沙環礁國家公園如何推動生態旅遊，邀集所有關係人開跨部會會議，包括國防部、海管處、海洋委員會、海洋保育署、海巡署等都列席參加，其間民間各方熱愛海洋人士不斷遊說政府東沙推行船宿的優點，例如：不會使用到島上水電餐飲等資源、不會在島上製造汙水垃圾等。

沉船夢幻潛點魚群多

於是，隔年海管處委託嘉信遊艇執行評估東沙船宿潛水旅遊的可能性，但是因為嘉信的船長不曾開過高雄到東沙的航線，而且航程中還須夜航，所以去程保守以每小時十節的速度前往，從四月

東沙環礁礁台可達二公里寬，周邊海域水淺、暗礁多，曾有數十艘船隻觸礁沉沒於此，也常見船隻遺跡殘骸散落礁台上。 *(攝影/蘇淮)*

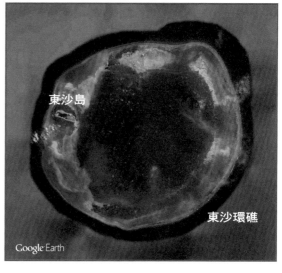

四日一早開了約二十四小時，五日清晨六點左右才抵達東沙。

航行二十四小時，對於很少坐船的台灣人來說，是一件很痛苦的事，有些人光坐船從東港到小琉球，三十分鐘也會暈船，此次雖然同行都是身經百戰、經常坐船的潛水員，但因航程很長，還是有不少人暈船。

出了高雄港，除了一望無際的海洋，還是一望無際的海，眾人在看了三部電影，昏睡、吃喝，想盡辦法消磨二十四小時後，終於抵達第一個潛點「東沙一號」沉船，位於東沙島潟湖口外，經台灣水下考古專家臧振華水下考古團隊證實，為近代鐵殼船，初步推測可能是一九六〇年六月九日沉沒的香港籍Shun Lee號貨輪，但還須進一步確認。

東沙一號沉船海域水深約五至七米，因為靠近岸，船體遭風浪破壞多年，早已破碎四散，殘骸長約一百一十五公尺、寬十九公尺，但仍可辨識出船舷、鍋爐、船艏等，幸運的是，殘骸已成為人工魚礁、海洋生物的家，孕育了豐富的魚群，有：四線笛鯛、金帶擬鬚鯛、石鱸、擬金眼鯛、棘鱗魚、雀鯛、白毛等，潛游穿梭其中，非常夢幻。

但其實東沙沉船很多，因為周邊海域水淺、暗礁多，在科技不發達的時代，常有船隻擱淺，深具考古價值，即使近年科技發達，行船觸礁也是時有所聞。東沙自古即是船隻行經南海的避風港，西方國家到東方貿易的必經航線，也有許多中國漁民會來此捕撈漁獲，東沙位於南海諸島的最北端，東沙島是東沙環

東沙環礁珊瑚覆蓋率佳，軟、硬珊瑚遍布，範圍廣大，但可惜的是，部分潛點少見魚群穿梭其間。

（攝影／蘇淮）

礁中唯一露出海面的陸礁島嶼，東控巴士海峽，西扼海南島、廣東和港澳船隻進出，地理位置優越。

但才初到東沙，我們就體驗到環礁海域的險峻，維多利亞七十六號螺旋槳葉片因沉船點水淺，不慎打到東西，雖然繼續航行沒有安全疑慮，但返回高雄港後，光是遊艇上架維修就至少要二十五萬，於是之後幾次潛水，船長開船都更加小心翼翼，並搭配遊艇自載的小艇，在海域較淺處接駁潛水員或水面戒護，以確保安全。

東沙環礁西北角與西南角有兩處缺口，分別為北水道、南水道，我們第二潛選在東沙北水道外環礁邊，這兒軟珊管處持續追蹤。潛水游上突岬後，二十米緩坡以上的生物和珊瑚都較少。

接著在海扇礁親身體驗到傳說中的「南海內波」！內波其實就是海面下的波浪，冷水團由深水區往淺水區推，水溫會急速驟降。當天我在海中看海扇看到一半，就發現水層中彷彿有微弱抖動的海水往我的方向大舉襲來，接著當那道海水冷流穿過我、籠罩身邊海域時，我手上的潛水錶顯示水溫從二十六度，瞬間降了四度，僅剩二十二度，讓人潛到頭皮發麻，而且幾乎每潛皆遭遇冷水團，這在一般休閒潛水海域較少見。

除了軟珊瑚群、大海扇，東沙南水道外環礁周邊也有石珊瑚覆蓋率極高的

東沙軟珊瑚可達上百種，色彩繽紛如花牆，還躲著兩條魚兒(上圖)；東沙環礁珊瑚覆蓋率高，連以珊瑚為食的棘冠海星都比人臉還大(下圖)。 (攝影/蘇淮)

瑚群遍布，光肉質軟珊瑚就有十多種，彷彿地毯般多彩地遍布在海床上，海蝕溝中也長滿珊瑚，壯觀迷人，但魚群較少，大多為雀鯛、隆頭魚、金花鱸等。

潛水遇南海內波水溫驟降

第三潛則來到南水道的海扇礁，二十米以下突岬有大片海扇與鮮豔豐富的棘穗軟珊瑚，但因此處位於水道漲退潮潮水交換地帶，海水能見度易受影響，五日下午潛水能見度只有十米，但隔天一早再潛，能見度大好達三十米，一日多變。但看到好幾顆巨無霸棘冠海星，有半個人大，因為牠們會吃珊瑚，但並沒有看到剋星大法螺在周邊，因此後續海潛點，桌形軸孔珊瑚、分枝軸孔珊瑚、鹿角珊瑚、萼柱珊瑚、指形珊瑚遍布，還有潛水員見到雪花鴨嘴燕魟、大梭魚群，水面休息時間還偶遇大群海豚，據說東沙環礁還有美麗的藍洞，裡頭魚群滿滿，生態豐富，令人驚豔！

然而，因為東沙早年以漁業活動居多，近年則以學術研究為主，尚未開放觀光，也就沒有設置供遊艇等船泊繫錨的浮球，所以此次踩點在東沙環礁海域夜間泊船，都是嘉信的船長、教練在當天最後一潛時，注意是否有適合綁錨繩的地方，結束潛水後，再人工下水拉繩、綁浮球、繫錨，謹慎小心不敢亂丟錨破壞東沙海洋生態。

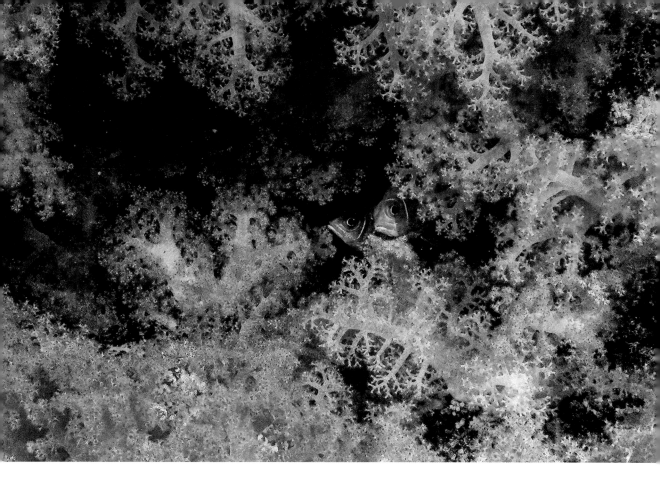

結束三天、十次的潛水後，六日下午四點從東沙環礁南邊返航，有了去程的經驗，回程船速較快，仍花了二十小時才返抵高雄港。

整個東沙環礁國家公園範圍有三十五萬公頃，我們此行只探訪了極少數的點，還有廣大海域未探，雖然外環礁普遍珊瑚狀況不錯，但魚群並不如想像得多，這也是近年海巡署不斷提出希望加強東沙執法力道的原因。

因東沙距離中國較近，一直都有許多中國漁民到東沙環礁捕魚，有學者早年在東沙島做調查，說夜晚東沙海上燈火通明，海巡署二〇一六年起嚴查東沙海域非法越界濫捕，當年三月緝捕到一艘

然而，東沙喊出開放觀光的聲音，早在一九九九年五月，高雄市政府就曾首度舉辦「前進東沙」的觀光試航活動，讓國人搭乘金航輪，有機會踏上這個軍事管制的小島，在外海以大船接小船的方式，將遊客接駁上東沙島，但海上風浪洶湧，老弱婦孺換船接駁險象環生，所以當初預計舉辦二十個航次的觀光創舉，最後以三航次草草收場。

東沙生態旅遊之夢

二〇〇七年東沙劃設為國家公園後，在二〇一二年《東沙環礁國家公園自然資源與經營管理策略評析成果報告》中，台灣大學海洋研究所戴昌鳳等學者

海巡署逮捕盜獵東沙珊瑚與生物的違法外籍漁船(上圖)。生態體驗營是目前一般人可以登上東沙島的少數機會(下圖)。 （上/海洋委員會海巡署提供；下/ 蘇淮攝）

來自海南島的鐵殼船，船上載滿大量在東沙環礁國家公園海域盜採的珊瑚、貝類、魚類，甚至還有被肢解的保育類綠蠵龜，震撼國人！揭開東沙外籍漁船盜獵的嚴重問題。

海洋委員會海巡署艦隊分署副分署長陳泗川指出，二〇一六年至二〇一九年共驅離超過兩百五十艘越界漁船，三年來共將六艘非法捕撈的外籍漁船扣回高雄法辦。因近年海巡署強力執法出現成效，越界漁船逐年減少。我們四月初到東沙環礁船宿潛水也未見越界外籍漁船，六月底上東沙島拍攝檸檬鯊生態，也沒有看到海上漁火點點，可以感受到海巡署近年來在東沙的強力執法。

專家們即建議：「由於目前東沙島的交通、住宿及生活設施皆不足，因此建議初期應以開放船宿觀光遊憩活動為主，待將來陸域各項設施完備之後，再考慮登島及島上住宿的觀光遊憩活動。」

過去也曾有香港潛客揪團到東沙潛水，但國人一直無緣親臨。經過七年，台灣終於執行了第一次東沙船宿潛水的踩點試航，但業者龔俊豪坦言，東沙受天氣影響，每年能潛水的時間有限，加上遊艇與工作人員等費用，一趟五天四夜的船宿每人要價約五萬元，但五萬對國旅市場來說，許多人寧願出國潛水，發展有難度。雖然東沙環礁推動船宿眾人有夢，仍有許多問題必須克服。

即使現在尚未開放觀光，但目前每年海巡署都會舉辦生態體驗營，讓大學生或教師搭乘海巡艦艇到東沙，在島上住幾天，雖然同樣是在外海以大船接小船的方式登島，但海巡船艦較大，且學生們年輕矯健，讓人比較放心。

海巡弟兄帶他們認識東沙的自然生態與人文歷史，介紹大王廟、海巡勤務等等，還能體驗實彈射擊。活動中，海巡弟兄也身兼解說員、歌手、攝影師、烘焙師、咖啡師、郵局代辦人員、浮潛教練、淨灘人員等，盡力介紹東沙之美；海管處則帶領認識東沙島生態，並教導如何移除外來種等。生態體驗營是目前一般人少數能上東沙島的機會。

但目前島上水、電供應有限，偶爾還會停水、跳電，未來將新設海水淡化設施、汙水處理設施與廚餘處理機等。面對二〇一九年東沙島試辦生態旅遊臨時喊卡，時任海洋國家公園管理處處長的詹德樞坦言：「目前東沙島上的基礎設施尚不足以支持發展生態旅遊，未來海洋國家公園管理處會先以提升東沙島相關設施改善建置為主，也將展開海域的潛點調查等，待基礎設施完善，並確認可因應生態旅遊帶來的環境衝擊，才會進一步發展東沙環礁國家公園生態旅遊。」國人想潛進東沙，還得再等等，希望有朝一日開放的那天，海中生態也已逐步恢復生機。　◆

更深入精闢的訪談，就在《經典.TV》

沉船殘骸成水下魚礁，生態逐步恢復中，東沙環礁國家公園仍保有相對原始的海洋生態，是推廣生態旅遊的潛力亮點。（攝影/蘇淮）

探索東沙島
的海底世界

檸檬鯊
的天堂

一般人誤解鯊魚，害怕被牠攻擊
但檸檬鯊卻是很害羞的物種，見人就閃
東沙島小潟湖與周邊海草床
是檸檬鯊生產、幼鯊成長的棲息地
漲潮時也有雪花鴨嘴燕魟群前來覓食
是台灣少見能輕易看見鯊魚、魟魚的重要海域

（攝影/Zola Chen）

東沙，是一個在高雄小港機場可以看到航班資訊，但卻不是每個人都能買到機票前往的小島。二〇一九年傳出將試辦生態旅遊，但最終因基礎設施未完備而喊卡。經典雜誌採訪團隊經過數個月的申請，六月下旬終於搭上立榮包機，經過七十分鐘的飛行，來到南海上的台灣領土，一探神祕的檸檬鯊真實面貌。

抵達東沙島的第一天，島上主要交通工具是腳踏車，採訪團隊騎著腳踏車到東沙機場跑道盡頭，背著數十公斤、數十萬元的水下大相機，抱著浮潛裝備：面鏡、蛙鞋、呼吸管，跟著真理大學檸檬鯊研究團隊，在烈日當頭站在東沙島小潟湖口海草床上，往島外一望無際的大海走去，扛著重裝備在海裡一走就是超過一、兩百公尺，水深偶爾及膝、偶爾過腰，還不時浮潛探尋檸檬鯊身影，或在海草床中不小心踩空陷進去，跌得滿身泥沙，而這一切，只為了幫一支鯊魚研究的訊號接收器換電池。

幸運的我，也在此親眼看見活生生的檸檬幼鯊出現在眼前！當時小潟湖口退潮，水深過膝，聽到攝影師蘇淮說他看到鯊魚了，但很怕人，我咬著呼吸管浮潛，眼巴巴地盯著海中，一秒也不想放過。突然，一隻長約一米的小檸檬鯊，好奇地往我的方向游來，但在距離我三米外，又驚嚇地游走，我們至少同游了一分鐘以上。大家說鯊魚兇暴，但檸檬鯊卻如此膽小，連靠近都不敢靠近我，更別說攻擊傷害人了。

「在台灣海域與鯊共游！」這個感

東沙島北岸珊瑚礁復育區海草床上，散落著多顆大型微孔珊瑚，周邊珊瑚礁魚類群聚。 (攝影/蘇淮)

動，若不是喜歡潛水或致力於在台灣周邊海域尋找「與鯊共游」熱點的人可能很難體會。從事海洋寫作以來，在台灣最容易看見鯊魚的地方是各港口漁船或魚市場，所以過去的鯊魚研究資料，大多根據漁獲採集和卸魚紀錄為主，較少有鯊魚水下生態研究。這些年我潛遍台灣本島與周邊離島，親身感受到，現在要在台灣海中看到鯊魚，幾乎是跟中樂透一樣困難。

驚奇的是，在東沙島兩週的時間，幾乎每天都能在小潟湖口看見檸檬鯊身影，而且數量穩定，浮潛或站在岸邊就能看到，跟小琉球的海龜一樣容易見到。在東沙島研究檸檬鯊多年的真理大學副教授陳餘鋆指出，檸檬鯊有一屬兩種：尖齒檸檬鯊與短吻檸檬鯊，國際上研究調查的檸檬鯊大多棲息在紅樹林、岩礁的近海區域，但東沙是全世界首次發現棲息於海草床的檸檬鯊，甚至以東沙島小潟湖口的海草床為幼鯊護育區(Nursery ground)，非常特別！

東沙檸檬鯊是近岸棲息物種，一年四季都看得到，鯊魚為食物鏈頂端生物，在東沙島小潟湖口有許多檸檬鯊幼鯊、亞成鯊棲息與成鯊洄游，顯見此地海域生態系與食物鏈相當豐富與完整。

廣大海草床孕育豐富生態

東沙島，是位在東沙環礁西側的小島，地形起伏不大，由珊瑚砂與珊瑚碎屑堆積而成，面積僅一百七十九公頃，外形似螃蟹的大前螯，所夾開口即小潟湖口。全島東西向長約兩千八百公尺，

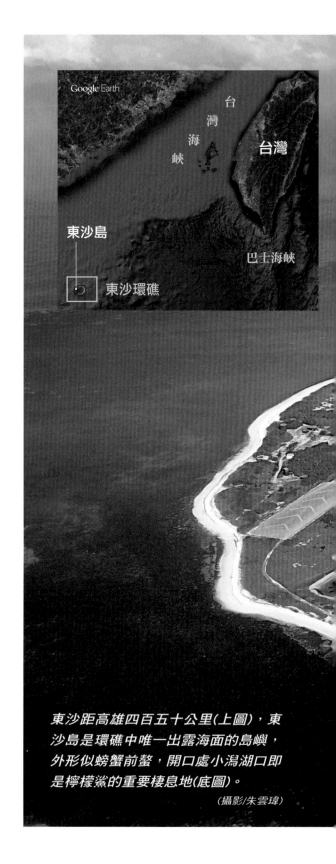

東沙距高雄四百五十公里(上圖)，東沙島是環礁中唯一出露海面的島嶼，外形似螃蟹前螯，開口處小潟湖口即是檸檬鯊的重要棲息地(底圖)。

(攝影/朱雲瑋)

寬約八百六十五公尺，內有六十四公頃的小潟湖。

位於南海最北方的東沙島，是南海上最沒有主權爭議的地方，現在由中華民國海巡署駐守巡防，海洋國家公園管理處也在島上設有管理站，並與科技部合作，成立國際海洋科學研究中心，已有日、英、美、法、俄等二十多國專家學者來訪，合作上百件研究案，包含海水酸化、海洋內波、氣候變遷及珊瑚礁生態等主題，成績斐然。

東沙島周邊海域海草床廣大，達一千一百八十五公頃，是台灣本島海草床總面積的二十倍，彷彿海中草原，綠意盎然，許多生物以此為家。台灣海草

(IUCN)列入瀕危物種紅皮書(Red List)的易危(Vulnerable, VU)物種，陳餘鋆說，「牠們在台灣與鄰近海域很少見，但在東沙島近岸區族群穩定，具指標性。」

其中，檸檬鯊是近幾年確認棲息於東沙島周邊海域的生態指標物種，在台灣本島與周邊離島幾乎很難從事鯊魚水下研究調查，因為潛水可達的海域幾乎看不到鯊魚，但東沙環境得天獨厚，仍有許多鯊魚種類與族群棲息。

全世界鯊魚有五百多種，短吻檸檬鯊主要分布在美洲，東沙周邊海域分布的則為尖齒檸檬鯊。牠們因體色像黃檸檬，所以被稱檸檬鯊；又稱犁鰭檸檬鮫，因胸鰭形狀像犁田工具而得名。

研究團隊曾在東沙島周邊記錄過多種少見的軟骨魚類，如：以延繩釣捕獲大型虎鯊，記錄測量完即回放大海(上圖)；以及黑邊鰭真鯊等(下圖)。(攝影/陳餘鋆)

有十一種，在東沙海域就有七種。海草不同於海藻，它是有根莖葉的植物。島上植物有兩百多種，另可見許多過境鳥，累積紀錄鳥類達兩百多種，僅白腹秧雞是島上唯一留鳥，小潟湖周邊也是鳥類休息覓食區。因為無光害，夜間觀星也很精采，二〇一九年還有綠蠵龜上岸產卵與小龜孵化，十分難得。

更特別的是，東沙周邊海域有數種大型軟骨魚類目擊紀錄，包括：黑邊鰭真鯊、虎鯊(鼬鯊)、白鰭礁鯊(灰三齒鯊、鱟鮫)、邁氏條尾魟等，其中尖齒檸檬鯊、雪花鴨嘴燕魟(眼斑鷂鱝)、費氏窄尾魟都會出沒在東沙島小潟湖口海草床覓食，牠們也都是被國際自然保育聯盟

為了解東沙檸檬鯊的棲息狀況，從二〇一二年開始，海管處委託成功大學海洋生物暨鯨豚研究中心教授王建平與真理大學陳餘鋆團隊登島調查，近年以陳餘鋆團隊為主。他們一開始使用蛇籠、延繩釣等魚類調查方式捕捉檸檬鯊，大鯊用延繩釣，幼鯊用蛇籠，捕獲的鯊魚要打上標籤，測量體長、體重、雄雌等基本資料，也會觀察外觀是否受傷，或有無寄生蟲等，新生的幼鯊還可看見肚臍未癒合的裂縫。

近年在每一隻捕獲的鯊魚身上植入晶片，取代傳統標籤，透過記錄與捕捉回放的方式，了解東沙檸檬鯊的生長速度與估算族群數量，目前東沙島沿岸檸檬

檸檬鯊研究團隊的努力

　　國外的檸檬鯊研究經常一做就是十幾二十年，台灣檸檬鯊調查雖然僅開始數年，但即有許多令人驚喜的收穫。陳餘鋆指出，第一年成果便得知東沙島周邊哪裡有檸檬鯊，以小潟湖內捕抓到最多數量檸檬鯊幼鯊，小潟湖口次之，東沙島北岸、南岸也捕獲數隻，而東沙島東側海域鮮少抓到檸檬鯊幼鯊。

　　二〇一四年起，為了進一步了解檸檬鯊的分布，研究團隊採購十顆每顆要價兩萬多元的聲波標籤，縫在捕捉到的幼鯊第一背鰭基部，並且搭配每支十多萬元的訊號接收器三支。調查結果發現，小檸檬鯊棲息於東沙島小潟湖內至島周邊海域，一年四季皆可見，打破了過去其他學者認為檸檬鯊是洄游過境東沙的說法。

　　彷彿遊戲闖關破關般，陳餘鋆對於檸檬鯊的好奇心，迫使他在隔年採購更多訊號接收器，仍以幼鯊為標識主力，研究發現，距離岸邊五百公尺至一公里範圍的接收器，都沒有收到幼鯊訊號，由此得知，幼鯊大多棲息在東沙島周邊五百公尺內的範圍。

　　二〇一五年起加入空拍機調查，發現小潟湖口漲退潮時會出現不同物種，滿潮時，曾有二十多隻雪花鴨嘴燕魟同時游進覓食，也可見五至八尾費氏窄尾魟在此水域覓食，但少有小檸檬鯊；退潮時，以小檸檬鯊居多，尤其海水深度四十至六十公分時，能觀察到小鯊魚捕食的機率最高。

　　經過這些年的研究發現，檸檬鯊幼鯊存活率不高，每年僅四至五成存活率，每年三月底至五月中旬，母鯊會從外環礁回到小潟湖口周邊產下幼鯊，五、六月之後可見成群檸檬鯊幼鯊在島邊洄游，小鯊至亞成鯊會棲息在東沙島周邊的海草床海域，其中小潟湖內至小潟湖口是檸檬鯊小鯊最集中的重要棲地，稍往外側、離岸較遠水域則是亞成鯊的棲息水域。

陳餘鋆以蛇籠(右下)、延繩釣等魚類調查方法捕獲檸檬鯊後，會先測量體長(左)、體重、雄雌等，並打上晶片，也會觀察外觀是否受傷，若有鯊魚誤食吞鉤，也會設法取出(右上)。
(右下/陳餘鋆攝；左、右上/蘇淮攝)

鯊幼鯊約一百五十至三百隻左右，整個東沙環礁檸檬鯊族群包含幼鯊、亞成鯊與成鯊總共約達三百至六百隻左右。

對檸檬鯊幼鯊有完整的了解後，陳餘鋆開始好奇懷孕母鯊的棲地。二〇一七年四月一日時，剛好以延繩釣捕獲一尾懷孕母鯊，標記聲波標籤後發現，牠在繁殖季時，會繞東沙島或在小潟湖口停留，但六月水溫升高後，就會回到外環礁，此後很固定地會從環礁口到東沙島北岸來回洄游。

小潟湖與周邊為檸檬鯊重要棲地

為了更了解成鯊，陳餘鋆還飛去大溪地，考察與東沙同種但不同族群的尖齒產下幼鯊，各項調查資料都顯示，東沙島小潟湖口海域是檸檬鯊重要的棲息地、產仔場。

成就這些成果的過程中，偶有部分鯊魚犧牲，雖然檸檬鯊跟一般鯊魚不太一樣，不需要一直游動過濾海水才能吸收氧氣，檸檬鯊即使停下來，如果能持續吞嚥海水，就可以獲得身體所需的氧氣。但檸檬鯊在水溫超過三十度以上時，容易發生緊迫導致全身僵硬，無法吞嚥海水，即使研究團隊謹慎處裡水溫上升所產生的緊迫，仍有少數鯊魚因緊迫僵直而死亡。死亡的鯊魚也會進行採樣研究，讓其犧牲更有意義，像是了解牠的胃內容物、食性分析，以釐清牠的

漲潮時，雪花鴨嘴燕魟會游進小潟湖口覓食(上圖)；小潟湖內可見仙后水母倒立行光合作用、吸取能量(下圖)。 (上/陳餘鋆攝；下/蘇淮攝)

檸檬鯊，發現牠們的小鯊同樣都居住在環礁內，但大溪地環礁很小，離島邊不到一百公尺，不像東沙環礁這麼大，他也在大溪地與檸檬鯊成鯊潛水共游。

根據國外研究文獻指出，檸檬鯊屬於沿岸型鯊魚，成鯊棲息範圍大多不會離岸超過五公里，深度不會超過一百公尺。很幸運地，二〇一八年陳餘鋆就在東沙外環礁水深十米處，與三米長的檸檬鯊自在共游，羨煞旁人。

「在沒有做這個研究之前，台灣沒有什麼機會跟活鯊魚接觸。」陳餘鋆指出，二〇一九年透過聲波資料證實，不只幼鯊會棲息在小潟湖口，亞成鯊也會在夜間來到小潟湖口覓食，母鯊則在此主食是哪些，如：龍占與纖鸚鯉(鸚哥魚的一種)，才能在未來監測檸檬鯊棲地時，找到監測的指標生物，為棲地生態復育，提供更多資訊。

此外，除了檸檬鯊，研究團隊也曾在東沙島南北岸較深水域以延繩釣捕獲虎鯊，稍具攻擊性，體長兩米多，已達性成熟的虎鯊，陳餘鋆笑說：「下海收繩時發現那鯊魚居然有斑紋，應該是虎鯊，嚇得趕快游回岸上，從岸上慢慢收繩，不敢在海裡單挑虎鯊。」

甚至，有時鯊魚吞鉤，怕鯊魚因此死亡，陳餘鋆身為計畫主持人，總是身先士卒地「直接把手伸進鯊魚嘴裡解鉤」，七年來曾多次被咬，但不曾擊

金黃色彩鮮豔的鰺科幼魚，約十公分大，身上有些微外傷。牠在海草床上與水母游在一起，出現類似共生的現象。　(攝影/Zola Chen)

退他研究鯊魚的熱忱，問他：「不怕嗎？」他立刻秒回：「當然會怕啊！但也要盡量幫牠們拿掉魚鉤，降低誤食的風險。」但東沙島小潟湖周邊的生物們，未來生活將面臨巨大變動與挑戰。

海洋委員會海巡署艦隊分署副分署長陳泗川指出，因為東沙外環礁海域長年有外籍漁船非法越界捕撈，破壞海洋生態，但目前東沙島六據點碼頭僅能停靠二十噸以下的巡防艇，面對外籍大型漁船入侵，巡護和執法能力不足，所以海巡署自二〇一六年起，即希望進駐一百噸巡防艇，強化執法。

航道疏濬危及鯊魚魟魚棲地？

因此採用前環評委員、中央研究院生物多樣性研究中心研究員鄭明修的建議，以疏濬既有航道為由，從小潟湖口往西到外環礁，浚挖長一千米、寬十八米、深四米的航道，通往小潟湖內，將整個小潟湖口留給航道，小潟湖內則將停靠兩艘一百噸大型巡防艇。

但因疏濬區域位於東沙環礁國家公園內，內政部國家公園計畫委員會也於二〇一八年底開會討論，原則同意海巡署計畫進行，但要求海巡署應做前期工作資料收集、評估與規畫等，並提出幾項原則，包含：航道的位置不能影響檸檬鯊洄游、碼頭位置的選定應說明考量因素與分析利弊得失、施工方法應符合生態永續原則並說明採用理由，以及應有生態檢核過程、工法的決定應以東沙島的環境永續為最高指導原則等要求。

海巡署二〇二〇年獲九百八十萬元經

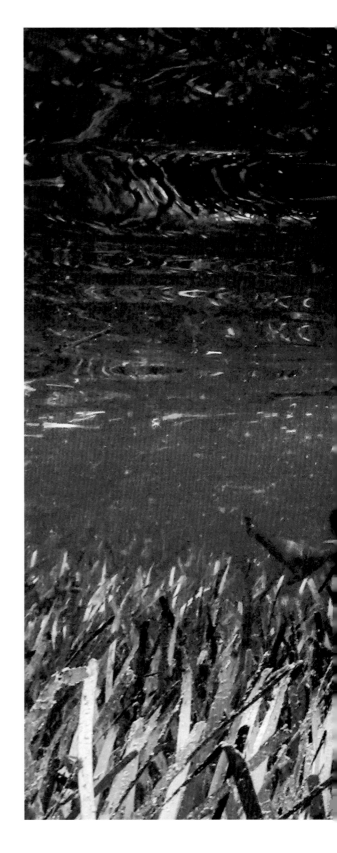

東沙島海草床孕育了食物鏈頂端的掠食者檸檬鯊，顯見豐富生態。　（攝影/Zola Chen）

費，辦理航道疏濬規畫設計與監測，二〇二一年執行數值模擬調查，預計在二〇二二年完工，總經費約需兩億九千多萬。除了小潟湖口航道清淤之外，疏濬土方還要回填東沙島南岸，但是否會影響島邊生態，也有部分學者提出擔憂。

小潟湖口航道疏濬似乎勢在必行，但對於停泊大型船隻將使用防鏽、防蛀等化學塗料，加上船隻油汙、揚沙等對潟湖內外環境生態的影響，有學者建議應更謹慎規畫與評估，並建議航道疏濬應分段進行，最好是從外環礁往小潟湖口浚挖，避免實際施工與評估預期不同時，對於生態最敏感的小潟湖口區域還有緩衝的可能。

在台灣做海洋報導，很多學者都曾跟我說過，台灣三十年前的海洋環境有多好，但台灣本島與鄰近離島的美好已經回不去了。二〇一九年六月我在東沙島，天天趴在海草床浮潛尋找檸檬鯊，也不時爬上頹圮的碉堡，數著小檸檬鯊游來小潟湖口的數量。也許東沙環礁盜採問題嚴重，但在各方確認航道疏濬是否可執行前，這些年海巡署還是不斷強力執法，且逐年讓越界捕撈的漁船減少，守護東沙不遺餘力。我是一個記者，也許我不該有立場，但我真的不知道，未來我還能不能告訴你們，東沙島小潟湖與周邊是易危物種檸檬鯊的重要棲息地。　　◆

更深入精闢的訪談，
就在《經典.TV》

東沙島小潟湖內是以蛇籠捕獲檸檬鯊幼鯊最多的熱點之一，未來疏濬、艦艇進駐後，景觀生態勢必截然不同。(攝影/Zola Chen)

搶救台灣
海洋生態

明星物種與
棲地保育

鑾丁核三廠出水口海域住著一大群梭魚

台灣海洋生態曾經繽紛壯觀更勝此景

但隨著環境變遷、過漁，海洋資源枯竭

敏感物種鯊魚、魟魚的保育屢遭熱議

如何讓環境永續、海洋生態生生不息？

是政府和人民要同心面對的難題

（攝影／Allen Lee）

二〇一九年五月，蘭嶼朗島部落前的海域，出現一隻約一點五公尺大的鬼蝠魟，過去要出國才能看到的海洋明星，居然經常出沒在台灣海域，吸引許多潛水客專程前往朝聖，希望與鬼蝠魟在台灣海域共游，當地業者也跟部落居民溝通，遊說減少在鬼蝠魟出沒的海域放網，這隻鬼蝠魟在蘭嶼住了半年以上，帶來觀光效益。

潛水遊客張正朋將鬼蝠魟照片上傳國際組織鬼蝠魟基金會（Manta Trust），因每隻鬼蝠魟的腹部斑點都不同，可透過拍照辨識個體（Photo ID），經Manta Trust比對這是第一次被記錄到的鬼蝠魟，張正朋將牠命名為「Tatala」，是

洋保育與漁業資源利用近年衝突不斷。

鬼蝠魟是軟骨魚類，軟骨魚即一般熟知的鯊、魟、鱝和銀鮫等，全球軟骨魚類約一千多種，牠們全身骨骼多為軟骨，其中，鯊魚多數表皮覆滿盾鱗，逆著摸有如砂紙般的觸感，更特別的是，鯊魚牙齒各自獨立且能依序更替，有人開玩笑說，那鯊魚就不用看牙醫，牙齒掉了會自動補上。軟骨魚依頭部鰓裂數目可分成只有一對鰓列的全頭亞綱：銀鮫，和有五至七對鰓裂的板鰓亞綱等，而大多數的鯊魚、魟魚為五對鰓裂。

根據海洋保育署《海洋保育啟航》報告指出，鬼蝠魟分布於熱帶及溫帶海域，是棲息於海洋中上層的大型軟骨魚

鬼蝠魟「Tatala」在蘭嶼海域出沒半年，吸引許多潛客前去追星(上圖)；雪花鴨嘴燕魟愈來愈常在小琉球海域被目擊記錄(下圖)。　　（上/丁詠光攝；下/蔡弄弦攝）

蘭嶼拼板舟的意思。這也是Manta Trust全球鬼蝠魟資料中，台灣的第二筆資料，未來若有人在其他地方上傳Tatala的照片，就有機會知道牠去了哪旅行。

明星物種引爆衝突

隨著潛水旅遊盛行，台灣人經常到其他國家潛水觀光，在許多國家都有機會與大型海洋生物共游，如：鬼蝠魟、鯨鯊、長尾鯊、大白鯊、槌頭鯊(雙髻鯊、丫髻鮫)、曼波魚(翻車魨)等，堪稱潛水觀光界的明星物種。但在台灣，雖然也容易看到這些生物，但大多是在漁港所見，也引發「死魚僅能賣一次，活魚可在海裡創造千萬觀光產值」的討論，海

類，近似胎生，以浮游生物為食，可活超過二十年，但牠們的生殖週期長、產仔數少、成長緩慢。鬼蝠魟屬有兩種，分別為珊瑚礁性的阿氏前口蝠鱝和大洋性的雙吻前口蝠鱝，但台灣對牠們在周邊海域的情況所知甚少。

國際自然保育聯盟(IUCN)二〇一一年將鬼蝠魟屬列為瀕危物種紅皮書(Red List)的易危(Vulnerable, VU)物種。此外，國際間為了掌握、管制和追蹤鬼蝠魟的進出口量及進出口國家情形，《華盛頓公約》(全稱《瀕臨絕種野生動植物國際貿易公約》，CITES)於二〇一三年將鬼蝠魟納入附錄二貿易管制物種。

在台灣研究軟骨魚超過三十年、台

繽紛多樣的台灣海水魚

擬金眼鯛幼魚群每年春至夏初，會聚
集在墾丁南灣海域(左圖)。台灣魚種雖
多，其中僅五十多種海水魚是台灣特
有種，台灣松毬(下圖)就是其一，僅分
布於北部和南部海域，而蝶魚(上圖)種
類更居全球之冠。

(左、下/Allen Lee攝；上/蘇淮攝)

灣海洋大學環境生物與漁業科學系教授莊守正提醒，列入「附錄二」的意義是指國際貿易進出口買賣需有相關文件證明，並非限制各國國內禁捕，「一般大眾不了解，以為都不能抓，但其實台灣都會比照CITES規範，因為CITES具有國際制裁能力，IUCN比較是宣示性，它提醒你這個物種有問題，但它沒有制裁能力。」國內是否禁捕或列入保育類，則視各國規範。

二〇一六年七月起，漁業署將鬼蝠魟列入若捕獲需於返港一日內通報的物種，意指當時捕獲鬼蝠魟並「未」違法，仍可買賣，僅需要按照規定回報：種類、捕獲日期、地點、漁法與體長、體重及性別等資料，以便對該物種的數量、習性、棲息海域或洄游狀況等，有更多的科學依據，才能進一步做資源管理或考量是否列入保育類。

但期間卻屢屢引起軒然大波，二〇一八年五月二十一日晚間，澎湖漁民意外捕獲上百公斤的鬼蝠魟，因牠被錨繩纏住而帶回漁港，依法通報，意外引起群眾圍觀，線上直播群情激憤，逼得澎湖縣政府連夜滅火，協調船家儘快將鬼蝠魟拖出外海野放。但當時捕獲鬼蝠魟仍屬合法，卻在社會輿論壓力下，漁民「無償」野放漁獲，有苦難言。

因為此事受大眾關注，一個多月後，漁業署火速將鬼蝠魟列入「禁捕」物種，公告自二〇一八年八月十五日起，漁民出海意外捕獲鬼蝠魟應立即放回海中，並且返港時主動通報漁獲資訊，以建立生態資料。然而，鬼蝠魟列入通報

兩年來，漁業署總共收到二十八筆捕獲資料，但自禁捕後，就未再收到任何鬼蝠魟的捕獲通報資料，究竟是鬼蝠魟幸運地都未再被捕獲？還是漁民就直接海拋丟棄，避免帶回港惹議？無從得知。

從列入通報到禁捕，前後僅約兩年，對於鬼蝠魟在台的生態都沒有什麼了解，就直接禁捕，莊守正坦言：「很錯愕！怎麼會那麼快……」二〇一九年十一月海洋保育署將鬼蝠魟預告列入海洋保育類野生動物名錄。

熱愛軟骨魚的我，個人非常樂見鬼蝠魟列入保育類，但鬼蝠魟從通報到禁捕的過程，眼見輿論壓力凌駕科學專業的事實，甚至謾罵「守法」漁民，造成誤解對立，讓人對於未來台灣海洋保育、研究與漁業漁民的溝通合作感到憂心。

另一種跟鬼蝠魟長得很像的日本蝠魟，在台灣並未列入保育類，也不是禁捕物種，IUCN瀕危物種紅皮書列為近危(Near threatened, NT)，族群量尚待研究，偶爾會在東海岸被大量捕獲，經常被民眾誤認為鬼蝠魟，引發保育爭端，甚至媒體也曾誤報。但兩者外觀不同，鬼蝠魟的嘴巴在前端，日本蝠魟的嘴在頭的下方。也許在大聲疾呼保育前，我們對於海洋生物、生態環境也要更加了解。

台灣雖然面積僅占不到地球的萬分之一，卻擁有豐富的生物多樣性，珊瑚有三百多種、蝦蟹五百多種，魚類種類更占全球的十分之一，全世界魚類有三萬兩千多種，台灣就曾記錄過三千兩百多種，其中，鯊魚全世界有五百多種，在台灣也曾記錄過上百種，顯見台灣生物

綠島海域偶爾可見鯊鮫(白鰭礁鯊)，牠們喜歡棲息在珊瑚礁洞穴中。

(攝影/蔡冠群)

多樣性的豐富。

但研究魚類超過四十年的專家邵廣昭道出長期觀察台灣海洋生態變化的感慨：「物種數是只會增不會減，而且投入研究的人力、物力愈多，調查得愈詳盡，種數則會增加愈快。但問題是，台灣整體海洋生物數量正以驚人的速度在消失，各種魚的數量或族群量也在銳減，以致於許多稀有種類瀕臨滅絕，卻不易被察覺及證實，有如溫水煮青蛙。」

海洋廣大，孕育豐富生命，但被關注的海洋生物卻不多。根據海保署二〇一九年十一月公告修正的海洋保育類野生動物名錄，列入的大多為海洋哺乳類(鯨豚、海牛、水獺、海獅、海豹)、海洋鳥類、海洋爬蟲類(海龜、海鬣蜥)，海洋魚類僅少數列入保育類，更別說許多只被當成食物、而不被看做野生動物的魚蝦蟹貝等海洋生物。

鯨鯊，海洋溫柔巨人

保育類海洋魚類中，在台灣海域潛水較能見到的僅曲紋唇魚(龍王鯛、蘇眉魚)和隆頭鸚哥魚，為珊瑚礁大型魚類，但在台數量極少，龍王鯛多單獨出現，隆頭鸚哥魚則習慣成群結隊，墾丁、綠島、蘭嶼、澎湖都曾發現。二〇一九年海洋保育類新增鬼蝠魟(雙吻前口蝠鱝、阿氏前口蝠鱝)和鯨鯊，這在台灣軟骨魚保育史上具有重要的指標意義。

鯨鯊是深受人們喜愛的物種，但牠是鯊魚，不是鯨魚！鯨魚鯊魚外形截然不同，從尾鰭就很好分辨，海洋哺乳類鯨豚的尾鰭是水平狀、上下擺動，鯊魚尾鰭則呈垂直、左右搖擺。鯨鯊是海裡最大的魚類，但與一般兇猛的鯊魚形象完全不同，碩大的身軀竟是靠濾食微小的浮游生物生存，寬闊的大嘴看不太到尖刺的牙齒，傻大個的模樣，讓牠有「海中溫柔巨人」之稱。

鯨鯊在地中海海域以外的環熱帶溫暖海域中皆有分布，主要生活在北緯三十度至南緯三十五度間。小鯨鯊出生後，就展開「一個人的旅行」，洄游各國覓食，體型從剛出生約六十至六十五公分，最大可以長到十八公尺，約二十歲性成熟(體長大於九公尺)。能準確得知鯨鯊寶寶出生體長，是因為台灣曾抓過一尾子宮裡有超過三百尾寶寶的母鯊，早期台灣軟骨魚研究多以漁獲為主。

鯨鯊身上無數的白色小斑點猶如海中星星，因為在陽光照射下，就像星星一樣閃閃發亮。而這些斑點也像人類指紋一樣，每一尾都不同，所以有國際組織成立網站Wildbook for Whale Sharks(www.whaleshark.org)，讓遊客上傳鯨鯊照片，協助研究、資料搜集，因為鯊魚大多是海中獨行俠，茫茫大海中很難巧遇，需要全球遊客當線民，回報鯨鯊出沒據點，讓人對於鯨鯊能了解更多，而遊客也能知道自己看到的鯨鯊是否則被記錄過、曾洄游到哪等。

鯨鯊是海中最大的魚類，近年愈來愈常在台灣海域被目擊，鯨豚生態攝影師金磊也曾在花蓮海域與牠近距離互動。

(攝影/金磊)

在台灣，鯨鯊又有「豆腐鯊」之稱，因為鯨鯊肌肉如豆腐般雪白。台灣也在鯨鯊的洄游路線上，他們傻呼呼的不怕人，還會主動靠近漁船，所以台灣漁民又叫他「大憨鯊」，莊守正指出，早期鯨鯊因為會和海水中表層的鯖科、鰺科魚類一起出現，因此成為漁民尋找魚群的目標。但後來海洋資源日漸減少，加上台灣社會經濟改善，民眾想吃些千奇百怪的生物，因此鯨鯊開始上了餐桌。所幸台灣已在二〇〇八年將鯨鯊列入禁捕，但數量也已經少了很多，一九九七年每年約可捕到三百尾左右，現在一年約僅數十尾至百尾。

推動鯨鯊資源永續已十多年的莊守正

都曾目擊鯨鯊，莊守正研究團隊、台灣鯊魚永續中心也與漁民合作，標識放流數尾鯨鯊，發現台灣周邊海域鯨鯊洄游路徑廣，北到日本，南到馬來西亞，往東深入太平洋，他坦言：「一個物種要成為生態旅遊對象，對牠的行為必須確實掌握，例如何時會到哪裡攝食等，但台灣周邊的鯨鯊洄游範圍那麼大，貿然發展生態旅遊，是要把遊客帶去哪？」

但他也發現，部分鯨鯊會在台灣與菲律賓呂宋島之間游來游去，可能與菲律賓是同一族群，也許也有機會發展生態旅遊，「只是我們還沒有抓到節奏。」莊守正指出，發展鯊魚生態旅遊較鯨豚或海龜不容易，因為鯨豚與海龜需到水

體長一、二米的黑邊鰭真鯊，二〇一七、二〇一八年曾成群出沒在小琉球海域(上圖)；巨口鯊每年春夏會洄游到花蓮海域(下圖)。 （上/赤丸攝；下/Zola Chen攝）

指出，台灣的鯨鯊資源管理走在國際規範之前，二〇〇二年七月即開始逐年限制鯨鯊捕獲數量與捕獲體長不得小於四公尺，CITES則在二〇〇三年才將鯨鯊列入附錄二。

莊守正協助推動鯨鯊禁捕過程中，建立標準化流程，逐年減少捕獲量，配合調查研究，讓大眾有機會對此物種在台情況更了解，並且在過程中加強跟漁民溝通宣導，他深入全台漁會，用台語溝通鯊魚保育，讓漁民理解為什麼政府要禁捕鯨鯊，以降低衝突對立的發生，終於在二〇〇八年公告禁捕。與鬼蝠魟倉促禁捕歷程的截然不同。

近年包括潛水、賞鯨船與海釣船等，

面換氣，人們有較多的機會目擊牠們，但鯊魚用鰓呼吸，可以一直在海中游動，不用浮出水面，更難尋覓。

巨口鯊台灣捕獲紀錄多

台灣周邊海域近年也有一神秘物種備受關注，就是巨口鯊！牠跟鯨鯊、象鮫(姥鯊)一樣都是濾食性的鯊魚，巨口鯊食物以磷蝦和水母為主，但牠長得比鯨鯊更呆，圓圓的大頭，跟鯨鯊頭較扁平長得不太一樣，但莊守正笑牠：「巨口鯊超懶！嘴巴張開就往前游，什麼東西進來就吃什麼，不像鯨鯊嘴巴會有吸力，還比較主動攝食。」

巨口鯊直到一九七六年才被發現並

命名，根據資料，巨口鯊廣泛分布於各大洋熱帶及溫帶地區水深五至一千五百公尺海域，但對牠完整分布區域所知甚少，記錄多來自台灣、日本和菲律賓。巨口鯊在IUCN瀕危物種紅皮書中顯示為數據缺乏(Data deficient，DD)，二〇一五年迄今被列為無危(Least concern, LC)物種。

但目前已知全世界約兩百多筆巨口鯊紀錄中，有超過一半是台灣捕獲，海保署為積極保護珍稀物種，二〇一九年委託莊守正團隊進行調查，蒐集到難得的一百多筆巨口鯊紀錄，並在漁業署和漁民配合下取得珍貴樣本，得以研究出沒熱點和生態特性，累積研究資料，以便

此上岸的巨口鯊幾乎都能被掌握，所以在全球數字上看來很多，但學界推測巨口鯊在東南亞的數量其實很大，菲律賓和印尼曾有許多擱淺案例，但東南亞許多島嶼資訊不發達，所以未必有記錄。

但他們也從這些被捕獲巨口鯊資料、樣本中發現，雌魚數量略比雄魚多，間接顯示巨口鯊有雌雄魚分開棲息的可能性，在體型方面也發現雌魚明顯較雄魚大，雌魚要到五米以上才可能性成熟，雄魚約四米以上。巨口鯊卵巢構造和長尾鯊類似，推測應為食卵型卵胎生，生殖策略可能也與長尾鯊類似，長尾鯊是一胎兩尾，**寶寶一出生就很大，約一百四十至一百五十公分，但目前尚不**

正中間橘紅色的台灣喉鬚鯊是台灣特有種，僅出現在西南海域(上圖)；一簍簍魚腥味重的下雜魚是學者研究魚類的寶庫(下圖)。　　　(攝影/劉子正)

未來制定適當的保育措施。

研究結果發現，台灣的巨口鯊個案大多出現在花蓮外海，巨口鯊被認為是深海鯊魚，但因牠的食物浮游生物會垂直洄游，巨口鯊夜晚也會跟著食物上游到較淺海域，約水深一至兩百米左右覓食，恰巧與漁民捕抓曼波魚的季節、作業範圍及水深重疊，因此也有機會捕到巨口鯊，漁獲時間集中在四至八月，可能是巨口鯊洄游到台灣周邊的時間，目前一尾通常可以賣到七、八萬元，但每年捕獲數量變動大。

曾有人質疑台灣捕光巨口鯊？莊守正團隊、研究巨口鯊的游紀汝說，有很大的可能是因為台灣的通報機制完善，因

知巨口鯊小鯊的出生體長。

海保署二〇一八年成立後，針對大型軟骨魚類曾邀集相關專家學者討論，對於傳統上是漁獲對象的軟骨魚，希望在有更深入的調查研究後，能做更積極的保育措施。除了鯨鯊、鬼蝠魟列入保育類外，未來象鮫(姥鯊)、大白鯊也有機會列入保育類，莊守正指出，象鮫從二〇一一年後台灣即未再捕獲，大白鯊每年捕到的數量也有限，但卻因為大眾關心，經常成為新聞話題，未來盼與漁民加強溝通，宣導保育。

台灣軟骨魚保育難題

然而，軟骨魚的保育，在台灣一直都

是個敏感議題，隨著近年鯊魚保育意識抬頭，人們從過去捕獲、征服鯊魚喜歡大肆炫耀，到現在捕鯊轉趨低調，有些漁港甚至不讓一般遊客隨意拍攝，避免被上傳社群網路引發爭端。

對部分漁民而言，他合法、守法捕撈，卻要像過街老鼠一樣，小心人人喊打，讓他們從早年願意協助研究調查，到現在愈顯低調保守，而這樣其實無助於大眾了解台灣周邊海域的軟骨魚資源量，台灣早期許多潛點的探勘，也是與漁民合作得知。我個人立場真的很希望所有鯊魚都能被保育，但見關心海洋保育的民眾與漁民衝突不斷也很不捨，若國家法令不完備，民眾有責監督政府修

星：長尾鯊、槌頭鯊、曼波魚等，其實都是高經濟魚類，動輒要價上萬元，要將傳統漁獲列入全面禁捕、保育類並不容易，常會出現抗爭，如何透過完備的基礎生態調查佐證，以及確實的宣導溝通，並落實有效管理與執法，才能讓這些海洋資源「永續利用」。

曼波魚不只一種！

曼波魚也是台灣長年的爭議性物種。二〇〇二年底，花蓮縣政府透過翻車魚命名活動，為隔年魚季暖身，定名為曼波魚。二〇〇三年開始大肆舉辦曼波魚季，讓過去大多僅食用腸子(龍腸)的曼波魚，推廣為全魚利用，做成各種吃

難得看見翻車魨在台灣水下的樣貌(上圖)；公鱟會緊抱母鱟交配產卵，雖為節肢動物，但被稱「夫妻魚」(下圖)。 (上/水產試驗所東部海洋生物研究中心；下/楊明哲攝)

正調整，而不僅是謾罵批評。

鯊魚漁業在台有其歷史，台灣名列全球前五大捕鯊大國，鯊魚是台灣重要漁業資源之一，也融入台灣的飲食文化中，台灣對於鯊魚漁獲採「全魚利用」，除了魚翅，其實民眾平日也常食用鯊魚而不自知，例如：鯊魚肉會製成魚丸、天婦羅、吉古拉、鯊魚煙等，鯊魚皮也是佛跳牆中的食材之一；而鯊魚肝、鯊魚軟骨則可製成保健食品。

莊守正坦言，鯨鯊禁捕行之有年，鬼蝠魟輿論壓力大，但非漁民主要漁獲，而象鮫、大白鯊每年在台捕獲量也少，要將這類軟骨魚送進台灣海洋保育類名錄相對容易，但同樣備受矚目的海洋明

法。但因牠可愛的模樣，國外以推廣潛水觀光為主，花上萬元到印尼潛水還不一定看得到牠，但台灣東海岸則以漁業利用為主，在當時即已引發批評聲浪。

二〇〇四、二〇〇五年曼波魚季更發展與曼波魚在箱網中共游活動，帶遊客去潛水看曼波魚，上岸再推薦遊客品嘗曼波魚料理，引發各界強烈抨擊，二〇〇六年起即停辦曼波魚季活動，但牠已成為東海岸重要漁獲之一。此後，每年到曼波魚魚汛期時，隨著漁獲上岸，曼波魚季的往事就一再被翻出討論。

但台灣曼波魚調查曾中斷好多年，直到近年農委會水產試驗所東部海洋生物研究中心才又投入研究，盼為曼波魚在

台的族群動態能有更準確的掌握，藉此作為漁業管理策略擬定的科學依據。根據《臺灣東部海域翻車魨科種類、數量與體長的季節性變動研究》報告指出，翻車魨科魚類俗稱曼波魚，棲息於熱帶與溫帶海域，全長可達三公尺、重達兩噸，外形特殊，背鰭與臀鰭發達，尾鰭則退化成舵鰭，讓牠看起來好像一顆大魚頭在海中游動，十分逗趣可愛。牠屬於成長緩慢、體型大、壽命長的魚種，且孕卵量可達上億顆。

翻車魨科共五種，台灣能捕獲四種，潛水員熟知的Mola名為翻車魨(*Mola mola*)，尾部舵鰭末端圓形呈波浪狀；花紋翻車魨(*Mola alexandrini*)舵鰭末端呈圓形不具波浪狀；矛尾翻車魨(*Masturus lanceolatus*)舵鰭末端突出較尖；斑點長翻車魨(*Ranzania laevis*)身態偏瘦長

占八至九成，翻車魨與花紋翻車魨約一成，斑點長翻車魨捕獲數量極少。部分定置網業者自發性不捕撈三十公斤以下曼波魚。

研究指出，曼波魚的游泳能力佳，可作長距離遷徙，且垂直移動行為頻繁，標識放流結果顯示，曼波魚的移動行為與水溫和食物的季節性變動相關。

東海岸雖然總有明星大物出現，

台灣下䱛 (攝影/何宣慶)

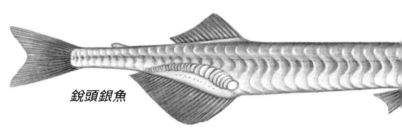

銳頭銀魚

香魚

型。此外，假面翻車魨(*Mola tecta*)僅在南半球發現。

翻車魨(*Mola mola*)在二〇一五年被IUCN列入瀕危物種紅皮書的易危(Vulnerable, VU)物種，但矛尾翻車魨則為無危(Least concern, LC)等級，台灣民眾常常容易將兩種搞混。據研究，捕獲漁法以延繩釣、鏢旗魚、流刺網和定置網等為主，以矛尾翻車魨為大宗，約

但要像國外發展與大型海洋生物在自然環境中共游或觀賞遊憩，恐還有一大段路要走。長年在東部海域拍攝鯨豚的金磊指出，以鯨豚而言，在東部海域並不容易下水拍攝，一來是明星鯨豚出現機率不定，再則牠們快速「路過」東海岸的狀態，也與其他發展鯨豚共游的觀光地不同。至於軟骨魚和曼波魚是否有機會在東部海域從事遊憩觀光活動？也許

要更多有志之士像金磊十多年前一樣傻氣投入，在未來某天才有辦法回答吧。

鯊魚魟魚目擊回報推廣

過去台灣軟骨魚資料多以漁獲為主，但隨著近年潛水活動盛行、水下攝影器材普及，台灣也有機會看見更多活的鯊魚。海洋科普教育推廣組織

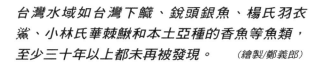

台灣水域如台灣下鱵、銳頭銀魚、楊氏羽衣鯊、小林氏華棘鰍和本土亞種的香魚等魚類，至少三十年以上都未再被發現。 (繪製/鄭義郎)

小林氏華棘鰍

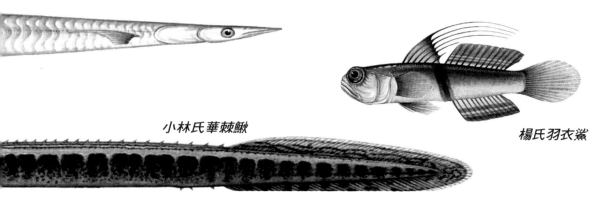

楊氏羽衣鯊

氏新魟、黑斑條尾魟、灰鰭礁鯊、星貂鮫、斑貓鯊、梅花鯊、梭氏蜥鮫、班竹狗鮫。其中五分之一來自東沙，顯見海洋保護區對海洋生物的重要。

小琉球沿岸三海里禁網，也不時傳出潛水客目擊黑邊鰭真鯊、雪花鴨嘴燕魟等消息，我也曾在小琉球看過黑邊鰭真鯊、古氏新魟與梭氏蜥鮫。蘭嶼、墾丁合界和大咾咕則不時有鬼蝠魟出沒。澎湖南方四島國家公園甚至有黑邊鰭真鯊游進梭魚群中，讓潛客大呼過癮！綠島也曾出現白鰭礁鯊、鯨鯊、蝠魟等，但滾水鼻的槌頭鯊近年則愈來愈難見到。

Congratulafins發起「鯊魚魟魚目擊回報」公民科學家活動，從二〇一六年至二〇一九年間，在台灣海域共搜集了一百多筆活體鯊魚、魟魚的回報記錄，每一筆資料都十分珍貴！

目擊記錄有黑邊鰭真鯊、雪花鴨嘴燕魟、鱟鮫(白鰭礁鯊)、費氏窄尾魟、槌頭鯊、鯨鯊、檸檬鯊、鬼蝠魟、蝠魟、無斑龍紋鱝、黃土魟、藍斑條尾魟、古

台灣海域有愈來愈多機會水下目擊鯊魚、魟魚令人振奮，也顯見時代轉變，人們從害怕海洋、恐懼鯊魚，轉而希望看見鯊魚、魟魚，想與牠們共游。但許多民眾認為鯊魚魟魚仍是敏感物種，為保護牠們不宜公開詳細目擊地點資訊，也企盼台灣的海洋保育策略能更完善。

大型軟骨魚引人關注，但在全球環境快速變遷下，很多生物可能在我們還

來不及認識牠時，就已經滅絕。所以邵廣昭團隊及他的兩位學生：海洋科技博物館副館長陳義雄和海洋生物博物館副研究員何宣慶，積極發表許多新種，陳義雄專攻淡水魚，何宣慶擅長海水魚。許多新種也以台灣(Taiwan)、福爾摩沙(Formosa)或台灣地名為物種的拉丁學名，讓人從魚名就能認識台灣。

許多新種以台灣命名

以「福爾摩沙」為名的台灣魚類新種有三十多個，用「台灣」命名的也有二十多個，例如台灣櫻花鉤吻鮭、台灣鬚鯙、台灣扁鯊、台灣梅氏鯿、台灣盲鰻、台灣喉鬚鯊、台灣腔吻鱈等。以地

「消失」，不代表已從地球滅絕。

為了讓人更了解魚類，一九九〇年代邵廣昭團隊建立台灣魚類資料庫(fishdb.sinica.edu.tw)，二十多年來，已成為全球最完整的中文魚類資料庫，每個月有超過五十萬人次點閱，為全球魚庫(FishBase)最有貢獻的資料庫之一。若想認識什麼魚，只要上網一查，即一目了然，有助台灣魚類研究與推廣。

但不只魚類有生存危機，有活化石之稱的「鱟」已存在地球四億年，因為公鱟會緊抱母鱟交配產卵，所以鱟雖是節肢動物，但人們稱之為「夫妻魚」，過去是台灣沙灘常見生物，近年卻因為數量急遽減少，被IUCN瀕危物種紅皮書

海科館的淡水魚類幼魚培育中心成功繁殖台灣特有種大鱗梅氏鯿(上圖)；棲地在陽明山的新種鰕虎魚，已發表命名為陽明山吻鰕虎(下圖)。 (攝影/顏松柏)

名命名也不少，如：陽明山吻鰕虎、墾丁擬鱸、台東間爬岩鰍、明潭吻鰕虎、高屏鱲等。其中，台灣喉鬚鯊是台灣已知一百多種軟骨魚中唯一的台灣特有種，僅出現在西南海域。

但也有部分物種推測在台灣本島可能已滅絕，包括：台灣下鱵、銳頭銀魚、楊氏羽衣鯊、本土亞種的香魚和小林氏華棘鰍等，「諷刺的是，台灣下鱵在一九八六年才被魚類分類學家證實它是新種，但其實可能已經消失在地球上了。」邵廣昭也提醒，滅絕的認定是指在台灣水域至少三十年以上未再發現，但海水魚與淡水魚受地理區隔特性不同，大海相連，有些海水魚可能在台灣

列為瀕危(Endangered, EN)等級，在台灣本島快要絕跡，僅金門和澎湖潮間帶偶爾可見。IUCN物種存續委員會鱟專家群、台灣研究鱟的專家楊明哲呼籲，鱟是海岸生態的指標物種，棲地健康才會有牠，保育鱟也是保護其他生物。

海洋環境亦然。要改變台灣「寂靜的珊瑚礁」生態，民眾對於海洋保育的認知，也要從明星物種轉向更重視棲地保護，簡言之就是劃設保護區、落實執法與滾動式管理，邵廣昭說：「劃設海洋保護區(Marine Protected Area，MPA)並落實管理，是讓海洋生物不再被趕盡殺絕，生態系得以逐漸恢復往日榮景最簡單、經濟而有效的方式，卻往往知易行

小琉球三海里內禁網，沙地上常可見古氏新魟。隨著台灣海洋資源枯竭，若能讓海洋生物有安心棲息之處，也許才能為海洋的未來留下一線希望。（攝影/蘇淮）

難！」國外上千篇研究證實，有效管理海洋保護區劃設數年，可增加區內魚的體型大小、密度、生物量和物種豐度，但環境需要時間，等待生態逐步復甦。

我曾在台灣各地潛水希望巧遇鯊魚，但卻幾乎連大魚都難見到。直到我到東沙島採訪，才發現若是健康的棲息地，這些生物自然會住在那裡，像是檸檬鯊、雪花鴨嘴燕魟、費氏窄尾魟、黑邊鰭真鯊等，都是東沙島邊常見的食物鏈頂端物種，從大魚到小生物，形成健康的食物鏈循環。

海保署署長黃向文指出，對大眾來說，以物種為標的，是比較容易引起關注，例如：鯨豚、海龜。但台灣寶貴在擁有高海洋生物多樣性，物種非常多，許多環境都是多物種共存，要評估或保護單一物種的難度比較高，所以用生物多樣性高劃設保護區的概念，相對能保護更多物種與維持棲地健康。

海保署也將積極推動《海洋保育法》，並推廣海洋環境保護教育，讓大眾體悟要保育哪些物種或棲地，「以及持續蒐集科學資訊與證據，這非常基本，但很重要卻常被忽略。」並推動公民科學家，一方面蒐集資料，另一方面推廣認識海洋跟保育海洋的觀念，讓海洋保育不只是口號，而是能逐漸深入民眾的日常生活中，也許這樣，永續，才有可能。◆

更深入精闢的訪談，
就在《經典.TV》

海廢包圍
台灣海域

島民必修
垃圾課題

黑潮海洋文教基金會島航海上遶台一周
檢測發現全台重要溪流出海口及沿近海域環境
震驚發現台灣周邊海域的垃圾無所不在
雖然近年淨灘淨海盛行，但仍難清理海廢
唯有源頭減少垃圾產生，才是根本解決之道
而這是每一位地球子民應該肩負起的責任

（攝影/Zola Chen）

凌晨一點半，迎著細雨，為了抓準西海岸漲退潮的時間進出港，摸黑跟著黑潮海洋文教基金會的朋友們出海，進行二〇一九年「島航普拉斯」到海上監測塑膠微粒情況，當天凌晨從高雄蚵仔寮一路往北航行到台南嘉義的八掌溪口，一直到中午才進港，航行超過十小時，當我暈船躺在船艙裡昏睡時，黑潮的朋友們持續頂著風雨採集作業。

同行還有台南社大環境行動小組研究員晁瑞光，船行至台南海域時，他指著漂浮在海上的蚵棚說，曾文溪至二仁溪是台南海上浮棚養殖蚵仔最盛的海域，大量使用保麗龍浮具。果然，用Manta trawl(表水層拖網)在海面拖行就撈到許多保麗龍碎屑。

船行至二仁溪出海口時，晁瑞光說了驚人的事！「以前台南收了許多國外的電子廢棄物在二仁溪附近做回收提煉，業者們提煉完不要的就往二仁溪倒，八〇年代是產業極盛期，也造就當時全國河川汙染排行第一名。三十多年過去，二仁溪橋墩下還能看到各種電子廢棄物的碎片、粉末等垃圾。」

二仁溪對我來說聽起來很陌生，問他距離台南市熱門旅遊景點正興街有多遠？他說約十公里吧，我驚訝居然這麼近！他接著說：「台南不是只有古蹟和美食，也有很嚇人的一面，台南有兩個世界知名的汙染案例：二仁溪和舊台鹼安順廠，都是超級汙染區，也是很有名的環境教育場域。」近年因為NGO關注，政府已陸續開始整治，但當年風光歲月留下的遺毒，至今還沒清理完。

島航體檢台灣海洋

從海上看台灣，總是能看見許多不曾意識到的事實。近幾年環島已不稀奇，不管是徒步環島，或是騎單車環島，都經常有人正在環島的路上。四面環海的台灣雖然自詡為海洋國家，但真正從海上環島看台灣的人卻是極為稀少難得。

因此，黑潮海洋文教基金會二〇一八年開啟「島航」計畫，與多羅滿賞鯨船合作，從花蓮港出發逆時針遶台灣航行一圈，並拜訪澎湖、小琉球和蘭嶼等離島，為台灣廣大的「藍色國土」做健康檢查，以塑膠微粒、溶氧量、水下聲景三項為主要研究項目，檢測全台重要溪流出海口及沿近海域，共計五十一個測點，建立台灣海洋第一筆生態體檢。

黑潮海洋文教基金會執行長張卉君細數沿途風景：「開船從海上遶島一圈，海岸線、地景大不同，東部是斷層式海岸，航行不用離岸太遠，山有多高、海就有多深，是大山大海的景象；東北角是鬼斧神工的奇岩怪石林立；西岸桃園有藻礁，中部海岸溼地有較長的潮間帶，南部恆春半島可見許多沙灘，澎湖有特殊玄武岩地形，小琉球是珊瑚礁島

黑潮團隊各司其職，利用賞鯨船船尾空間檢測海洋塑膠微粒等數據(上圖)。成員一起看海圖，討論航行計畫(下圖)。

(攝影/Zola Chen)

嶼……，台灣不大，但多樣性很高！」

但也不全是美好的一面，在島航過程中，最讓張卉君震驚的是：「台灣海域幾乎充滿垃圾，無所不在！」她指出，從宜蘭頭城開始，海域垃圾量變多，雖然東北角奇岩怪石、風景極美，但垃圾也相當多，「從基隆潮境公園外海打撈上來的那瓶海水，臭到沒人想碰。」原來，早年潮境一帶是濱海垃圾掩埋場，雖然現已綠化整頓，但每年仍得花大筆經費修復海堤，避免垃圾流進海中。

南部海域海洋廢棄物與汙染狀況也讓她很心痛，嘉義八掌溪出海口充滿塑膠碎片，高雄高屏溪出海口充滿垃圾，以海島觀光聞名的屏東小琉球，外海也有很多垃圾。從高雄海上回看陸地，更讓她相當感慨：「整個城市籠罩在空汙之下，跟東海岸的碧海藍天完全不同。」

而他們從高雄紅毛港一出港就看到一長條油汙帶，海面上漂浮著寬約兩米、長達一公里的惡臭泡沫，打撈海水交海洋保育署協助送檢，請東華大學海洋生物研究所所長孟培傑判讀，檢驗發現泡沫物質「酚」含量超標，確認是汙染，但苦於無法確認來源，檢舉也沒有用。

張卉君指出，實際到海上航行一趟，對台灣環境問題有更深刻的感受，眼見西海岸環境惡化問題非常嚴重，而且急須解決，不像東岸許多問題需要長時間的觀察才能看出，「西海岸滿載的海洋廢棄物、密集的刺網漁法作業、即將開發的海上風機，與白海豚並存在這片離陸地不遠的沿近海域。航程最終，看見的垃圾比生物還要多，這幾乎已經成為

某種宿命或預言了。」

此外，黑潮島航期間也與台灣海洋大學團隊合作，以目視法調查台灣沿近海域的海漂垃圾數量，海上調查十二天，長度達六百七十公里，記錄到六百九十八件垃圾，百分之七十六的航次目擊到海漂垃圾，主要為塑膠包裝、食物容器、餐具、寶特瓶、保麗龍等，偶有紙箱紙板、鋁箔包紙容器、加工木材等，漁業用具占百分之七，其中以東北角至北海岸及蘭嶼的垃圾密度較高。

張卉君強調，「島航是很重要的行動，讓我們看見問題比想像的更嚴重，『台灣海域百分之百都有塑膠微粒！』即使像東部海水看起來很乾淨，但還是有塑膠微粒，這是一個很大的警訊，也影響到食物安全，再次證明海廢不只是髒亂，而且是汙染的層級，需要國家正視！」因此隔年，黑潮繼續展開「島航普拉斯」，聚焦海洋廢棄物，選擇在島航時撈到最多垃圾的在東北部和西南部海域，進行塑膠微粒的四季調查。

二十多年前，賞鯨帶領台灣民眾航向大海，尋找東部海域的鯨豚，看見山海的壯闊。二十多年後，黑潮與賞鯨船合作，帶領台灣民眾出海一起遶島一圈，從海上回頭看看這片孕育我們的土地與海洋，正在遭遇什麼困難，並且持續航行在守護台灣海洋的路上。

「海裡的垃圾有八成來自陸地！」其實黑潮從二〇〇〇年起就關注海洋廢棄物，台灣也有許多環境NGO關心已久，近年拜人手一機、社群媒體發達之賜，海洋問題也愈來愈受到大眾關注，擱淺

遠島檢測塑膠微粒

黑潮共打撈全台五十一個測點海水，返航後，研究員溫珮珍進實驗室分析(上圖)，一罐罐篩檢出塑膠微粒(右圖)，還得一粒粒清點、計算數量與推估(下圖)，手續非常繁瑣，以建立台灣第一份海域塑膠微粒分布的完整紀錄。

(攝影/顏松柏)

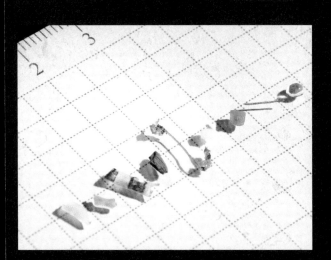

鯨魚的肚子裡有海廢、海龜的鼻子抽出吸管，都引發人們的同情心開始重視海廢問題，台灣的淨灘活動也從沒什麼人想參加，到近年像路跑活動一樣盛行，每年有上萬場淨灘在全台舉辦。

海廢垃圾議題發燒

但有時淨灘難免像是人們購買贖罪券的心態，或因成為企業社會責任的指標而愈來愈熱門。但經常辦理淨灘活動的海湧工作室創辦人郭芙表示，淨灘前聽環境講座很重要，「聽完講座的人，通常會比較認真淨灘，才知道『原來我們製造了這麼多的垃圾』，而不是把海灘上的垃圾都當成是別人的問題。」

許多人會認為：「我都有把垃圾丟進垃圾桶啊！」而覺得海灘或海裡的垃圾不是他丟的，所以事不關己。但其實海廢、海漂垃圾成因非常複雜，主要來源有：海洋、陸地和異國海漂等，也許人為棄置，或是漁業廢棄物，加上台灣許多掩埋場就蓋在海邊等，都讓垃圾有許多可能出現在沙灘或進到大海。

從二〇一三年就開始全台辦淨灘、RE-THINK重新思考的創辦人黃之揚直言，淨灘是最末端的事，淨灘永遠不可能撿完所有垃圾，它是保護海洋的最後手段，但淨灘的目的，是希望透過最末端的事，達到環境教育的功用，讓民眾改變生活習慣，達到垃圾源頭減量的可能，「我們做的事(淨灘)好像在擦水，但如果水龍頭(製造垃圾)一直開著，做再多也沒用，所以要想辦法關掉水龍頭，源頭減量才是根本解決之道。」

澎湖南方四島國家公園許多地方人煙罕至，岸邊卻聚集著許多不知從何而來的海漂垃圾，清運困難。
(攝影/顏松柏)

為了知道台灣的海岸到底有多髒？荒野保護協會和綠色和平基金會發起「全台海岸廢棄物快篩調查」，從二〇一八年七月起，進行每季一次、為期一年的海廢快篩調查，結果發現，台灣本島海岸上，估計有一二二七萬公升的海岸垃圾，重量高達六百四十六噸。平均每一百公尺的海岸，就有約五十三公斤垃圾，體積約等同於十三個黑色大垃圾袋。另外。本島最髒十三個海岸段，以北海岸（新北、基隆、桃園）和西南海岸（彰化、雲林、嘉義、台南）垃圾堆積情形最嚴重。而最常出現的垃圾種類是塑膠瓶罐、發泡塑膠和廢棄漁具。

政府攜手環團治理海廢

為減少塑膠垃圾產生，政府也加入源頭減量行列，在時任環保署副署長詹順貴牽線下，二〇一七年七月，環保署與數個環保公民團體共同成立「台灣海洋廢棄物治理平台」，這是政府首次和環團好好坐下共商如何治理海廢問題，也讓過去只能在體制外倡議、抗議的環保團體，有機會在政府制定決策時就先介入討論。終於，二〇一九年環保署通過《台灣海洋廢棄物治理行動方案》，內容涵蓋源頭減量、預防與移除、研究調查與擴大合作參與等四大面向共三十四項未來行動，將逐步限制塑膠吸管、塑膠袋、免洗餐具和外帶杯的使用。環團獻智，政府推動落實，讓台灣的限塑政策領先亞洲他國。

荒野保護協會公布二〇一九年國際淨灘行動（International Coastal Clean-up, ICC）數據發現，過去五年塑膠袋、飲料杯、免洗餐具、與吸管等一次用塑膠製品均有下降趨勢，尤其吸管，平均淨灘每公里所撿到的吸管數量，較二〇一八年減少百分之二十七，顯示吸管限塑政策有初步成效。但也別高興太早，大海無國界，除了自家做好，洋流也可能帶來別人家的垃圾，海保署署長黃向文提醒，台灣周邊國家都是海廢大國，根據《阻止潮流：立足陸地實現無塑海洋》報告指出，每年有八百萬噸塑膠流入全球各地的海洋，而且數量持續增加，其中，全球約百分之六十的海洋塑膠來自這五大國：中國、菲律賓、印尼、泰國、越南。台灣鄰近它們，讓處理海廢垃圾問題增添更多挑戰。

環保、垃圾議題成為顯學後，也陸續出現許多環保商品，每次上到募資平台總能火速達標，但張卉君反思，強調用可分解材質製作的商品看似很環保，但製作過程可能難免會用到塑膠膠合，這樣反而不利後續回收，所以，「重點不是材質，是行為！」她提醒，不要迷失在環保話術裡，「重複使用、源頭減量」看似老生常談，但愈簡單的事，眾人愈難做到。她強調，塑膠不是萬惡，因為塑膠，現代人的生活才能這麼便利，「我們不是很天真的要大家都不用

垃圾不是丟進垃圾桶或資源回收就沒事，它們還是有可能進到大海，在海中經常可見各種廢棄物。圖為東北角海域。

(攝影/Marco Chang)

二〇一八年三月一對大翅鯨母子現身花蓮海域，大翅鯨寶寶在和平火力發電廠前躍身擊浪，人類與自然如何和諧共存，令人反思。

(攝影/Zola Chen)

塑膠，而是希望人們能改變一次性丟棄行為，不能用塑膠吸管，會想可以用什麼？事實上，不一定要用吸管啊！可以直接喝，只要人們的行為還是一次性的，任何天然資源也經不起消耗，就算是可分解材質，也不能無限制使用。」

而讓環保人士們更厭世的是，美食外送平台橫空出世！人們難以抗拒追求更便利生活的爽快，使用一次性餐具也許僅幾分鐘、幾小時的時間，但它們卻要花上數百年才能從地球上消失。外送的便利跟提倡環保源頭減量的理念，彷彿兩個平行時空。黃之揚感慨說：「面對大的環境議題，很多時候我們會期待一個英雄來拯救這個可怕局面。那個英雄可能是政府、龍頭企業、未來新科技……，但真正能解決問題的，是我們串聯每個中型、小型甚至個人的力量，才可能改變。」每個人就是源頭，都有能力做一點為環境好的事。

這些年我也像不斷洄游在台灣周邊海域的鯊魚，看到台灣海洋美麗的一面，也看到許多令人心碎的風景與醜陋人心，更幸運的是，遇到許多比我更不願放棄的朋友們，即使明知人類是地球的癌細胞，人們再這樣恣意消耗資源，地球、海洋、生態環境只會越來越糟，但也許就像齊柏林導演曾跟我說的：「看見台灣之後，會更疼愛台灣。」台灣這麼美，你願意一起守護祂嗎？　◆

更深入精闢的訪談，就在《經典.TV》

菲律賓
海洋行銷

尋找
美人魚傳說

菲律賓是鄰近台灣的潛水勝地之一
由七千多個島嶼組成，位於珊瑚大三角核心
擁有豐富海洋資源，並且積極發展潛水旅遊
在科隆能與台灣已絕跡的「美人魚」儒艮共游
更發展與鯊潛水觀光，翻轉鯊魚漁獲命運
讓鯨鯊、長尾鯊等，成為菲國海洋觀光大明星

（攝影/Eaxon Chen）

海裡真的有美人魚嗎？據說有，但似乎不像大家想象得那麼美麗，而是身形巨大、長得有點呆醜的「儒艮」。為了一睹美人魚真面目，我早上七點準時從菲律賓巴拉望(Palawan)省布桑加(Busuanga)島的艾瑞歐伊瑪(El Rio y Mar)度假村乘船出發，時值十二月，菲律賓竟然還有颱風侵襲，到了出海當天雖然陽光燦爛，但海象不佳，得坐船三小時前往人煙稀少的Abanaban海灘尋找儒艮。

台灣也曾有儒艮出沒，一九八六年一頭公儒艮擱淺死亡在屏東小琉球後，就不曾在台灣發現儒艮，而在距離台灣如此近的海域，仍悠游著瀕危的儒艮，因此雖然此行一路波濤洶湧，痛苦不已，但有機會與牠共游，著實讓人興奮。

菲律賓位於珊瑚大三角(Coral Triangle)核心地帶，一年四季皆可潛水，各島皆有不同特色。珊瑚大三角是一片涵蓋六百萬平方公里的遼闊海洋，蘊藏世界上最豐富密集的海洋生態，擁有地球上百分之七十五的已知珊瑚種類，和超過三千種的珊瑚礁魚類。珊瑚大三角生態的好壞，影響全球上億人的生存環境，範圍遍及亞洲和太平洋地區六個國家：菲律賓、印尼、馬來西亞、巴布亞新幾內亞、東帝汶和所羅門群島。

其中，巴拉望群島被譽為「菲律賓最後一片處女地」，由一千七百多個島嶼組成，是菲律賓最大省分，近六成面積被原始森林和紅樹林覆蓋，堪稱動植物天堂，其中科隆(Coron)潛水以二戰沉船聞名，以及世界得難一見的美人魚儒艮，許多人不遠千里而來就為了看牠。

為什麼儒艮被稱為美人魚呢？據說是因為儒艮媽媽哺乳時，會將上半身浮出水面上，酷似人類哺乳抱著嬰兒的模樣，船上水手遠看誤以為是母親餵奶，因而有了「美人魚」傳說。而儒艮要如何分辨雌雄，也可以從腋下有無乳頭性徵加以分別，母儒艮的乳頭長在腋下，很特別。

儒艮和一般俗稱的海牛不同，海牛目分為海牛科和儒艮科，兩者最大不同在尾巴，海牛(Manatee)尾巴是圓形，儒艮(Dugong)則像鯨豚一樣呈Y型，兩者體長最大約四米，可活七十年左右，而牠們的近親竟然是大象。

此外，海牛有三種：亞馬遜、西非、西印度洋海牛，而儒艮僅一種，分布於

菲
□馬尼拉
阿尼洛
朗布隆島
布桑加島
科隆
巴拉望群島
馬拉帕斯瓜島
律
圖巴塔哈群礁自然公園
賓

菲律賓潛水勝地

布桑加島的艾瑞歐伊瑪度假村前即可潛水，水下生態豐富，一大群傑克魚風暴襲來，彷彿漩渦一般。

(攝影/Jerome Kim)

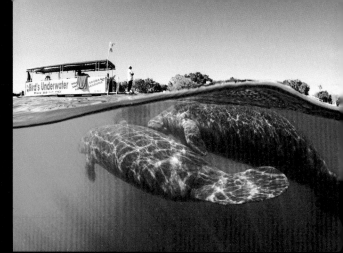

儒艮、海牛大不同！

科隆少數不怕人的儒艮「阿笨」游上水面換氣時，好奇地看著水中攝影師，壯碩身軀顛覆「美人魚」名號(左圖)。儒艮和海牛都是海牛目，前端吻部像吸塵器，可大啖海草(下圖)，兩者肥胖身形相似，但從尾部可看出不同，海牛尾巴是圓形(上圖)，儒艮尾巴呈Y形。

(上/李衍毅攝，下/Dugong Dive Center提供，左/Peggy Chiang攝)

熱帶和亞熱帶近岸有海草的淺水域,與人類活動範圍密切重疊,因此很早就面臨重大生存危機。

美人魚大明星「阿笨」

我乘坐儒艮潛水中心(Dugong Dive Center)的船出海,他們在科隆經營觀看儒艮(Dugong Watching)遊程已超過二十年,遊客可潛水或浮潛尋找儒艮,德國老闆德克(Dirk Fahrenbach)的夫人是研究儒艮的菲律賓海洋生物學家珍娜(Janet Fahrenbach),兩人二十多年前在此相遇,因為都喜愛儒艮與科隆的海洋環境,進而決定落地生根,協助當地研究、保護儒艮。

儒艮是海洋哺乳類,以海草為食,一般大多出現在十米以內的海草床覓食,根據他們調查統計,科隆周邊海域約居住三十頭儒艮,偶爾可見母子對,德克說,儒艮是很敏感、怕人的海洋生物,不容易觀察到牠們,但從二〇一七年開始,在Abanaban海灘前出現了一隻較不怕人的公儒艮定居,身長約兩米,牠覓食吃海草時完全不理會人類,偶爾還會好奇主動找潛水員玩耍,所以他們以發現地為牠命名「Aban」,傻呼呼的模樣,似乎中文名也滿適合直接翻譯為「阿笨」。

在抵達Abanaban海灘前五分鐘,會經過一個小漁村,當地老漁夫划著無動力的小舟來到潛水船邊,送「儒艮警察」上船,每艘潛水船都會配一名儒艮警察,他們上船登記遊客資料,並向每位遊客每天收取入境費,用以支付儒艮警察收入、支持儒艮研究,為原本傳統的小漁村創造轉型就業的機會,形成正向循環,當地漁民若到外海捕魚發現儒艮也會回報。

德克表示,為了保護日漸稀少的儒艮,當地居民、潛水業者、國際NGO和菲律賓環境自然資源部(DENR)合作,由漁村居民組成儒艮警察,每天每艘船觀察記錄儒艮目擊狀況,並協助遊客尋找儒艮,監督遊客與儒艮互動行為,若觸摸、騷擾或驚嚇儒艮,會立刻禁止潛水,拍照或攝影時也不能使用閃光燈。

雖然當地祭出許多保育儒艮的措施,但儒艮的數量仍很難快速增加,因為儒艮需七至九歲才會性成熟,而且還要夠幸運才能成功交配、懷孕,孕期長達十三個月,比人類還要長,但一次只生一胎,繁衍速度慢,所以無法快速復育牠們。

近年因為太多人想去科隆看儒艮,觀光客大增,所以當地以價制量,海灣入境費用逐年調漲,而且觀賞儒艮的規定愈來愈嚴格,從我二〇一七年前往,進入Abanaban海域每人每天僅需三百披索入境費(約新台幣兩百元),每次可跟儒艮共游三十分鐘,至二〇二〇年調漲到五百披索(約新台幣三百三十元),時間縮短至每次僅十五分鐘,且每天僅限

儒艮尾巴Y形有如鯨豚一般。菲律賓科隆靠著溫馴的儒艮「阿笨」發展生態旅遊,收取海灣入境費,回饋當地與支持儒艮研究。

(攝影/Eaxon Chen)

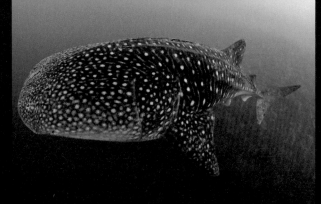 

在馬拉帕斯瓜島潛水能與長尾鯊共游，讓荒蕪海島
搖身變為潛水天堂(底圖)。圖巴塔哈群礁自然公園可
見鯨鯊(左圖)、鬼蝠魟(右圖)等珍貴大型海洋生物。

(底圖/李衍毅攝，左、右/Peggy Chiang攝)

四十個名額能與儒艮共游。

所以儒艮潛水中心另外多了兩個儒艮秘境潛點，有機會看到其他害羞的儒艮，可能會有母子對或一群儒艮。德克表示，他們遵遁Abanaban海灘的方式收取入境費，各為兩百五十披索(約新台幣一百六十元)，但沒有限制潛水時間。所以若是一天三潛觀賞儒艮的話，除了潛水費用，共另需支付一千披索(約新台幣六百五十元)的入境費，建立當地的友善機制。

瀕危儒艮，科隆目擊率八成

船行抵達Abanaban海灘後，海中設有浮球，業者會將船固定在浮球邊，避

際的海面發現一根灰黑的巨大浮木，不一會兒又會消失在水面上，就有可能是儒艮身影，然後潛水員再下海從水面游過去，確認儒艮的確在下方才下潛。儒艮在此目擊率約八成。

潛導提醒，儒艮很容易受到驚嚇，所以不能像一般潛水跨步式或背滾式「噗通」入水，而是要輕輕巧巧地穿好裝備「滑」入海中，或是直接在海裡穿裝備，避免嚇跑儒艮，而且即使是船上等待時間，潛水船也不像一般觀光船會大放音樂。但儒艮換氣下潛後也會自由游動，有時兩次換氣距離數十公尺，潛水員就得揹著十多公斤重的裝備，在海上來回奔波，加上冬天海況較不好，真是

朗布隆有許多特殊而稀有的小生物，像是花紋金黑相間的金色虎斑美葉海蛞蝓(上圖)，還有看起來彷彿毛線團的幽靈海蛞蝓(下圖)。　　(攝影/Peggy Chiang)

免丟錨破壞海底生態，每次僅限四名潛水員搭配一位潛水導遊和一名儒艮警察一同下水，晚到的遊客只能乖乖排隊，每天僅早上九點至下午三點可與儒艮潛水，每次潛水有時間限制，扣掉往返船程加上等待時間和儒艮「落跑」，有時在海上待一整天，可能真正潛水看到儒艮的時間不過五到十分鐘，甚至還可能「摃龜」無功而返，即使條件如此嚴苛，還是有絡繹不絕的遊客上門。

賞儒艮跟賞鯨類似，因為儒艮和鯨豚一樣是海洋哺乳類，都是用肺呼吸，儒艮平均每五分鐘到水面換氣一次，所以在Abanaban海灘時，全船工作人員會先在船上用肉眼尋找儒艮，若是在一望無

體力大考驗。

終於，在我暈船陣亡前，潛導找到「阿笨」了！第一次在海中親眼看見儒艮，內心非常激動：「美人魚超崩壞，竟然是個吃貨！」阿笨豐腴壯碩的身軀緊貼海草床底，頭前端的吻部像吸塵器一樣一直吃、一直吃，完全無視於身邊遊客的存在，直到狂吃了快五分鐘，阿笨才突然抬頭，整隻拔起衝上水面換氣，所以潛導有特別提醒，不能待在儒艮正上方，因為不知道牠何時會突然想起身換氣，被一隻上百公斤重的生物猛衝撞到，可不是開玩笑的。

阿笨灰色胖壯的身軀上有兩條明顯的白色抓痕，德克說，那是公儒艮打鬥留

下的痕跡。儒艮身邊不時跟著許多小嘍嘍，像是無齒鰺、鮣魚或寄生蟲，儒艮有時嫌牠們煩，會不停在沙地或珊瑚上翻滾抓癢，想甩掉牠們，像阿笨就曾在我面前翻滾，前一秒牠頭還在我面前，下一秒就已翻身尾巴朝我，往反方向疾速游走，儒艮看似笨重，但在海裡非常靈活，得與牠保持安全距離。

「十二月至隔年二月其實是這裡較不適合潛水賞儒艮的季節，海中能見度差、風浪大，最適合的季節是五、六月，能見度可達一、二十米。」德克強調，除了Abanaban海灘，經他們常年調查，科隆有超過二十個潛點有機會看到儒艮，就連我住的度假村前，也曾有儒艮游來玩耍，底下還有一大群傑克魚球，岸邊生態就如此豐富，讓人驚喜又羨慕。

海洋保護區落實永續觀光

巴拉望除了可賞稀有的儒艮，境內圖巴塔哈群礁自然公園(Tubbataha Reefs Natural Park)更是菲律賓最佳潛水殿堂，有「水下非洲大草原」之稱，顯見生態豐富盛況，軟硬珊瑚連綿不絕，還可見到鯨鯊、鬼蝠魟、鮪魚、梭魚群、各種鯊魚等珍貴大型海洋食物鏈頂端生物。

但在一九八〇年代，圖巴塔哈群礁也曾遭受大量捕撈、炸魚、毒魚，後來經潛水與環保人士強烈抗爭下，政府終於在一九八八年劃設為菲律賓第一個海洋國家公園。

圖巴塔哈群礁自然公園面積達九萬七千零三十公頃，分為北環礁和南環礁，一九九三年被聯合國教科文組織列為世界自然遺產，是菲律賓最大的海洋保護區，由海軍駐守，嚴格禁止捕抓任何生物，每年僅開放三月中至六月中三個月，以船宿潛水旅遊為主，想在國家公園內經營潛水需獲政府許可，遊客每趟潛水也得繳交五千披索的入境費(約新台幣三千三百元)。

曾赴當地潛水的海洋行腳節目《水下三十米》製作人李景白，以圖巴塔哈群礁自然公園經營潛水船若有十五艘試算，平均每艘載客二十人，每位潛水員每趟潛水旅遊平均花費六至八萬新台幣，每趟船次約六天，三個月至少十五趟，則估計每艘潛水船至少帶來新台幣一千八百萬元的觀光收益，十五艘船三個月總產值超過兩億七千萬元，而且遊客入境費另計，政府三個月稅收約新台幣一千五百萬元，還不包含潛水船各別的稅金，由此可見，只要環境保護好，能帶來多大的觀光效益。

圖巴塔哈群礁自然公園也坦言旅遊業對其重要性，入境費提供管理和巡邏自然公園的資金，收入也可用於教育，提升當地與國際對於珊瑚礁保護的認同，做到保護生態，又賺到觀光財。

同樣保護海中生態、並將漁村轉型觀光的例子還有菲律賓宿霧(Cebu)北方的

巨大的桶狀海綿周邊環繞著漫天飛舞的金花鱸，菲律賓位於珊瑚大三角核心，許多海域生態健康，珊瑚覆蓋率高。

(攝影/ Peggy Chiang)

小島馬拉帕斯瓜(Malapascua)，那裡是全世界少數幾乎能天天看到長尾鯊的潛水勝地，相較於台灣以捕鯊賺取魚翅海鮮經濟，馬拉帕斯瓜二十多年來，從漁民捕捉長尾鯊，成功轉型發展成為潛水度假勝地，目前當地八成的經濟收入來源都靠「鯊魚旅遊業」。

漁村轉型，發展賞鯊旅遊

不同於一般鯊魚給人兇狠的形象，長尾鯊泳姿優雅，身材圓潤呈流線型，大大的眼睛超萌，尾鰭長度約占身體一半而得名，而牠細長的尾鰭也是捕食獵物的利器，可加速甩尾打昏魚。

馬拉帕斯瓜的特殊之處在於長尾鯊並不是被豢養餵食，而是野生的，在水下三十米處有個天然的清潔站，長尾鯊會從深海上來，到此享受清潔魚幫牠淨身的服務。

長尾鯊大多在清晨出沒，因此來自全球的潛水員每天都得凌晨四點起床，再坐四十分鐘的船出海到Monad Shoal潛點，天還沒亮就得趕緊跳進海裡等待長尾鯊，每天天亮前海面上已聚集十多艘潛水船，非常熱鬧。

潛水員下水必須遵守賞鯊規範：不得超越水下三十米處的警戒線，必須在線後跪下或把身體放低，以免驚擾長尾鯊，拍攝時也不能使用閃光燈，潛店間也會彼此監督遊客，避免嚇跑海中金雞母。當地潛導說，每天出海看長尾鯊需繳一百五十披索(約新台幣一百元)的環境稅，雖然費用不高，但每人每天累積起來也很可觀。

優美的鯊魚令人著迷，也有許多潛水員瘋狂於微小美麗的海洋生物；朗布隆(Romblon)是菲律賓新興的微距潛水勝地，目前島上僅兩家度假村，其中一家還是台灣人開的，環境原始，擁有許多稀有可愛的小生物，例如：罕見的金色虎斑美葉海蛞蝓、透明美葉海蛞蝓、以及外型鮮豔酷似日本壽司的壽司蝦等，讓世界各國水中攝影師為之驚豔，蜂擁而至。

「相較於一般遊客，潛水旅客的消費金額較高、旅遊停留天數較長，因此菲律賓近年積極發展潛水觀光，同時祭出多項海洋保護政策，盼達到保育和經濟雙贏。」菲律賓觀光部台灣分處處長海瑟(Hazel Habito Javier)指出，菲律賓觀光產業占國內生產總值約百分之十，潛水旅遊人次逐年成長，潛水與水上活動為菲律賓前四大觀光產業，因此備受重視。

二〇一三年菲律賓由國家旅遊發展計畫制定策略框架和行動計畫大綱，指導觀光部和其他旅遊相關業者，並成立「市場開發處—潛水組」(The Office of Product and Market Development - Dive)，專職行銷潛水旅遊，組內從主管到小公務員，全都要會潛水，就算原本不會，進來也得學，工作內容包含得跟著媒體或專家一同下海潛水，分享菲律

朗布隆迷人小生物多，像這寬約零點五公分大小的鰻海龍，拉著細長的身子穿梭在珊瑚間，紅身白點白嘴白額頭的模樣，討喜可愛。 (攝影/Peggy Chiang)

賓的海洋之美。

海瑟表示，菲律賓觀光部每年都會舉辦許多潛水活動，像是在國內舉辦大型潛水旅遊展，或邀請海內外潛水業者與媒體赴菲潛水考察，或是積極到歐美亞洲各國參加國際潛水展，也會和國際潛水協會合作開設課程，以及針對特殊潛水族群舉辦活動或工作坊，像是二〇一三年市場開發處潛水組成立，就同步開辦阿尼洛水中攝影比賽(Anilao Underwater Shootout)，成功將距離首都馬尼拉三小時車程的潛水勝地阿尼洛，打造成國際知名的微距水攝天堂。

阿尼洛以前也是個小漁村，水中攝影師琳恩(Lynn Funkhouser)是最早讓阿

創造當地觀光收益，也經由這些水攝愛好者拍攝照片、上傳社群媒體，讓全球更多人知道阿尼洛精彩的海洋生態。

我曾在二〇一七年第五屆阿尼洛水中攝影比賽前往採訪，賽事分為便攜型相機(Compact class)與難度較高的不限相機(Open class)兩組別，各組分類取前三名：微距攝影、海蛞蝓、魚類肖像、頭足類、海洋生物行等五類，並增設難度更高的黑水篝火(Blackwater and Bonfire)攝影獎，以及用iPhone或GoPro也能參賽的攝影新手獎，總獎項共三十五個，來自台灣的三位水中攝影師當年度就拿下六項大獎：吳永森一人奪得黑水攝影獎與不限相機組的微距冠軍；嚴文志(歐

阿尼洛水中攝影比賽，台灣的嚴文志獲不限相機組頭足類亞軍(上圖)。新加坡Lilian Koh以游動的軟絲(下圖)奪得同組最佳攝影師大獎。 (圖/菲律賓觀光部提供)

尼洛被世界看見的先驅者之一，她在一九七五年第一次到訪潛水時，當地還沒有任何度假村，僅有一家潛水店，四十多年來，她每年都造訪阿尼洛，拍攝水中作品分享，至今阿尼洛以海洋小生物聞名於世，大小潛店已有上百間，在各地罕見的生物，如：豆丁海馬、綿羊海蛞蝓、龍王鮋等，在阿尼洛都容易找到，更有「海蛞蝓之都」美名。

阿尼洛，微距攝影天堂

阿尼洛水中攝影比賽以限時、限地的一週賽事為主，吸引全球上百位位水中攝影專家與愛好者參賽，比賽當週與賽前一週度假村一房難求，水攝比賽不只

大)拿下不限相機組魚類肖像冠軍、頭足類亞軍和海洋生物行為季軍；以及江㭓錡(Peggy Chiang)拿下不限相機組頭足類季軍。

阿尼洛不只有一般潛水度假村，甚至還有專門教授水中攝影的潛水旅店：阿尼洛攝影中心(Anilao Photo Academy)，不管是水中攝影新手或是專家，都能在這裡找到同好切磋與學習，阿尼洛攝影中心的住客與潛導年年都拿下許多獎項，第五屆攝影比賽共奪得十三項大獎，不定期駐店的新加坡水中攝影師Lilian Koh，更拿下最大獎「年度最佳攝影師」，讓當地其他潛店望塵莫及。

台灣距離菲律賓近，也有豐富的海

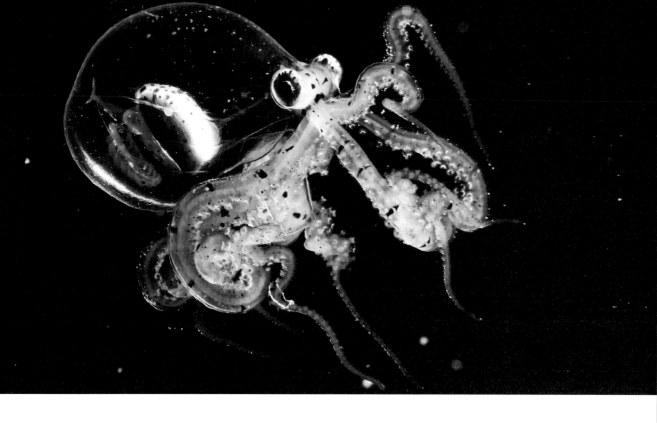

洋資源，菲律賓觀光部一名職員好奇問我：「台灣公部門如何行銷潛水觀光？」深知內情的我，只能尷尬微笑：「呃，我們政府並沒有專門負責行銷潛水的人，甚至許多兼辦潛水或海洋活動行銷的公務員，也根本不會潛水、不敢玩水、不懂海洋。」他驚呼：「那你們如何推廣連自己都不知道怎麼玩、怎樣好玩的旅遊產品？！」

向海致敬，解放心靈海禁

台灣觀光局將二〇一八定為「海灣旅遊年」，欲行銷推廣台灣的海洋觀光，但政府部門裡，究竟有多少人真的敢潛水或浮潛、衝浪、玩風浪板、獨木舟、SUP(立式划槳)？甚至就連「坐船」，可能也有一大半以上的台灣人怕暈。此外，台灣政府雖然也劃設了許多海洋保育區，但卻絕少「落實執法」、罰則偏低，未達到真正保護的效用。

台灣曾是一個海禁國家，雖然現在戒嚴解除，但人民心中那道與海的隔閡似乎仍未除去，海岸邊常見豎立「危險、禁止游泳」的標語，每到農曆七月，長輩都會告誡別去海邊玩水，雖然近年海洋遊憩活動逐漸盛行，行政院長蘇貞昌甚至喊出「向海致敬」政策，但若相關人員沒有海洋思維，那麼「台灣是一個海島國家」終究淪為口號，心靈仍未自由解放。　　　　◆

更深入精闢的訪談，
就在 **《經典.TV》**

圖巴塔哈群礁自然公園是菲律賓最大的海洋保護
區，禁止捕抓生物，海洋生態豐富，就連梭魚群
都來得比別的地方壯觀！ （攝影/Peggy Chiang）

看鄰國如何賺海洋觀光財

　　不只菲律賓，許多國家都意識到保護環境、賺取「永續」觀光財的重要，做法不外乎制定法規、落實管理、違者「重」罰，並教導遊客「使用者付費」、保護環境的觀念，收取入境費、環境稅，用以維護自然生態、創造在地就業機會、協助漁村轉型、提升旅遊品質等。

帛琉

　　從二〇一七年十二月起，在所有入境外國旅客護照內頁蓋上「帛琉誓詞(Palau Pledge)，遊客要簽署才能入境，成為全球第一個規定遊客入境必須作出維護環境生態和尊重當地文化承諾的國家，若遊客違反誓詞，最高可被判罰款一百萬美元。另外，在帛琉旅遊還必須繳交環境稅、出海稅、釣魚稅等，各二十至一百美元不等。

澳洲

　　被列為世界七大自然奇景的大堡礁，珊瑚礁群長兩千多公里，為全球最大，一九八一年列入世界自然遺產。大堡礁是澳洲昆士蘭州重要的觀光旅遊資源，觀光是昆士蘭州的前三大收入，政府透過對海洋遊憩活動嚴格分區利用與管理，達到遊客分流、總量管制的目的，旅客每趟出海得繳納環境稅，用以維護生態。

馬來西亞

　　西巴丹是世界十大潛點，有海龜、鯊魚、壯觀的隆頭鸚哥魚牆和各種魚群，馬來西亞政府二〇〇四年將西巴丹設為海洋公園，島上原有度假村全數遷出，只剩部分駐軍留守，每天僅限一百二十位登島潛水，每人每天收取入境費馬幣四十令吉(約新台幣三百二十元)。西巴丹環境維護好，連帶帶動周邊離島潛水旅遊業的發展。

泰國

　　斯米蘭群島國家公園是國際知名潛水勝地，每年五至十月因雨季到來會關閉，讓環境得以休養生息。

帛琉絕美的風景，吸引絡繹不絕的旅客，該國政府重視環境保護，甚至要求旅客入境需簽帛琉誓詞。（攝影/李衍毅）

大眼鯛穿梭在玫瑰珊瑚間，是帛琉迷
人景觀。當各國積極行銷、管理、保
護海洋，台灣也應見賢思齊。

（攝影/李衍毅）

國家圖書館出版品預行編目資料

海洋台灣：大藍國土紀實/黃佳琳撰文. -- 初版. -- 臺北市：經典雜誌, 2020.02
280面；19*26公分
ISBN 978-986-98683-2-7(平裝)

1.海洋學 2.環境保護 3.自然保育 4.臺灣

351.9   109000123

海洋台灣　大藍國土紀實

作　　者／黃佳琳

發 行 人／王端正

總 編 輯／王志宏

責任主編／黃世澤

叢書主編／蔡文村

叢書編輯／何祺婷

美術指導／邱宇陞

美術編輯／蔡雅君

出 版 者／經典雜誌
　　　　　　財團法人慈濟傳播人文志業基金會

地　　址／台北市北投區立德路二號

電　　話／02-2898-9991

劃撥帳號／19924552

戶　　名／經典雜誌

製版印刷／禹利電子分色有限公司

經 銷 商／聯合發行股份有限公司

地　　址／新北市新店區寶橋路235巷6弄6號2樓

電　　話／02-2917-8022

出版日期／2020年02月初版

定　　價／新台幣600元